Te 163
Te 302

# LETTRES

SUR

## LES EAUX MINÉRALES DU BÉARN.

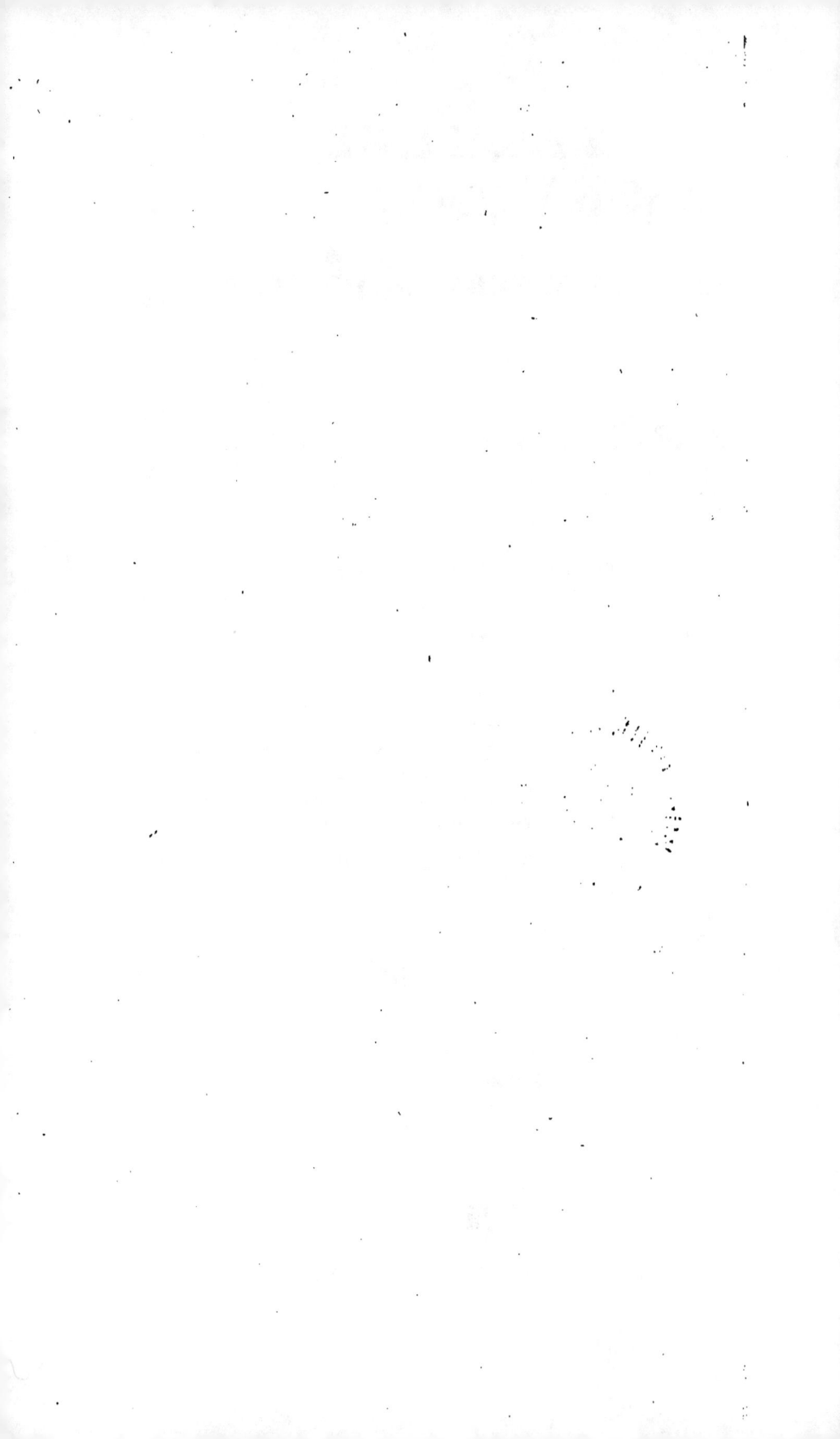

# LETTRES

SUR

## LES EAUX MINÉRALES DU BÉARN,

ADRESSÉES

## A MADAME DE SORBERIO,

PAR

### M.ʳ THÉOPHILE DE BORDEU,

DOCTEUR DE MONTPELLIER.

> Libres comme nos pères nous avons tâché de servir comme eux nos vallées, par choix, par goût et sans autre prétention que celle de tenir au vrai et de remplir les devoirs qui nous ont été imposés. ( TH. BORDEU. )

**Pau.**

É. VIGNANCOUR, IMPRIMEUR-LIBRAIRE.

1833.

# LETTRES

## SUR

## LES EAUX MINÉRALES DU BÉARN.

## PREMIÈRE LETTRE.

MADAME,

Je me flatte que vous ne trouverez pas mauvais que je vous adresse mes essais sur l'Histoire des Eaux Minérales, qui sont les plus connues, dans notre Province; vous m'avez permis de vous écrire, quel sujet pourrais-je trouver plus digne de votre attention?

L'éclat de votre réputation m'ayant fait rechercher avec empressement l'honneur de profiter de votre conversation, dans mon dernier voyage à Pau, je fus assez heureux pour y parvenir, et je ne saurais cacher que je vis avec surprise, que l'étendue de vos connaissances, la vivacité et la solidité de votre esprit, étaient au-dessus de ce que la renommée en publiait.

Les sciences étaient inconnues autrefois aux personnes de votre sexe; celles de votre naissance se faisaient gloire d'ajouter le mépris à l'ignorance; mais aujourd'hui la plus belle et la plus chármante moitié du monde se pique, avec succès, d'en être aussi la plus spirituelle et la plus savante.

Quel bonheur pour un Philosophe du Béarn de pouvoir vous compter au rang de ces Dames illustres qui ont fait rougir par leurs talens des hommes qui avaient eu la faiblesse de se croire les seuls propres à devenir les confidens de la nature.

Permettz-moi de vous le dire, la Philosophie doit se féliciter de l'asile que vous lui fournissez chez nous; elle n'a pas su encore se mettre au goût de notre beau sexe : mais vous la ferez connaître de plus en plus; et nous nous flattons qu'elle fera tous les jours des conquêtes qui étendront son empire et qui l'embelliront.

Mes Lettres, dans ce qu'elles ont de physique, ne vous apprendront peut-être rien de nouveau; les phénomènes qui en font le sujet, sont répandus dans la Province ; quelle apparence qu'ils aient échappé à l'exactitude de vos recherches ? Mais je dois instruire ceux de ma profession des richesses utiles que renferme notre Pays; je serai par là engagé dans quelque discussion , que ceux qui vous connaissent, ne croiront jamais au-delà de votre portée; d'ailleurs quelques abstrai-

tes que paraissent les matières de notre Art, elles
ne sont pas plus rebutantes que toutes les autres
parties de la Philosophie; elles sont même plus
intéressantes, et aussi susceptibles d'agrémens;
heureux si j'avais su les leur prêter!

Je le serai assez si vous daignez recevoir avec
bonté les idées d'un Jeune Auteur qui a besoin
de votre protection, et qui se fera toujours honneur d'être avec un très-profond respect,

MADAME,

Votre très-humble et très-
obéissant serviteur,

B*****.

*Montpellier*, 1746.

## II.ᵉ LETTRE.

MADAME,

Rien n'est plus commun, que l'usage des Eaux
salutaires, que la nature semble avoir pris plaisir
de prodiguer dans un Pays dont le climat est
d'ailleurs des plus gracieux; les malades y
accourent en foule de toutes parts, et sont presque toujours guéris ou soulagés de leurs infirmi-

tés : on peut même avancer que le peu de succès qu'ils en éprouvent quelquefois, dépend, ou du choix peu réfléchi, des sources dont ils se servent, ou de la méthode peu régulière avec laquelle ils les emploient

Cette considération m'a engagé à m'instruire avec exactitude, des propriétés de ces différentes Eaux; des maladies auxquelles elles peuvent convenir, et de la façon dont on doit s'en servir : j'ai cru faire plaisir aux médecins étrangers, en leur faisant part de tout ce que j'ai pu ramasser de plus utile à ce sujet.

Je ne prétens pourtant pas forcer leur suffrage; ils pourront penser autrement que moi; je n'exagérerai pas même, pour m'excuser, les difficultés inséparables du sujet que je traite.

J'avouerai aussi ingenûment, que je dois beaucoup de lumières aux fameux praticiens que j'ai consultés sur les lieux; il m'arrivera peut-être quelquefois de m'écarter de leur sentiment, mais ce sera toujours sans dessein prémédité, et dans la seule vue de m'attacher à ce qui me paraîtra le plus vrai.

Si l'on attaque ma manière d'écrire, je prendrai la liberté de n'y pas faire attention; ce sera là sans doute le partage de nos petits-maîtres; nous pourrions en avoir de ces puristes, qui n'aiment que les pensées brillantes et les fleurs de la plus fine littérature.

Le plus court avec ces Messieurs est de les

laisser gronder à leur aise ; je me contenterai de les prier de faire réflexion, qu'il n'est donné qu'à quelques génies heureux d'écrire avec élégance, en instruisant, et qu'il est souvent dangereux, de vouloir imiter de trop grands modèles.

Renfermé dans ma sphère étroite, effrayé du sort des singes de Fontenelle, j'écrirai, si j'ose le dire, à ma façon ; votre goût délicat, ennemi de toute affectation, excusera chez moi des défauts, qui m'apartiendront, et rirait sans doute de ceux que j'irais à grands frais emprunter d'autrui. Dans ma suivante j'aurai l'honneur de vous parler de l'origine des Fontaines.

J'ai celui d'être, etc.

## III.ᵉ LETTRE.

MADAME,

Tous les physiciens conviennent assez aujourd'hui que les montagnes sont comme les réservoirs, d'où la plupart des sources prennent naissance; aussi trouve-t-on des fontaines en abondance, dans presque tous les vallons; nos Pyrénées nous fournissent une quantité prodigieuse d'eau, mais comment? La chose n'est pas aisée à expliquer; je me repens presque de vous avoir promis, de le faire dans ma précédente.

Vous n'ignorez pas, j'en suis assuré, qu'à parler de bonne foi, nous n'avons rien d'assez positif sur cet article; mais vous voulez savoir ce que je pense sur une question, sur laquelle les plus grands philosophes se sont exercés depuis longtemps : eh bien, Madame, il faut vous obéir.

Le fameux Aristote prétendait que les sources, qui jaillissent sur la surface de la terre, n'étaient autre chose qu'un amas des parties d'air, qui s'étaient unies dans des grottes souterraines. D'autres philosophes veulent, que ce soit la mer qui fournit à toutes ces sources; les eaux, disent-ils avec *le Sage*, aboutissent à la mer pour en ressortir. Enfin, la plus grande partie des physiciens soutiennent que les eaux de pluie, suffisent pour entretenir toutes nos Fontaines.

Voilà trois opinions, qui ont eu chacune, plus ou moins de partisans; il faut avouer que le pauvre Aristote perdit les siens, dans l'échec que reçut le siècle passé sa philosophie. Je ne saurais pourtant m'empêcher de dire à sa gloire, qu'un des plus grands physiciens de notre siècle, crut par un temps fort serein, et très-froid, apercevoir quelque coagulation de l'air; il voyait voltiger dans une chambre, où le soleil donnait à plein de petits glaçons, qu'il reconnut ensuite être formés par des parties d'eau, qui étaient dans l'at-

mosphère; mais il avoue qu'il soupçonna que le
l'air s'était congelé; est-ce qu'Aristote, ne pouvait pas avoir vu le même phénomène, quoiqu'il
n'ait pas été assez exact pour nous l'apprendre,
et y a-t-il grand mal qu'il aie cru sur cette matière, une chose que l'on a soupçonnée de notre
temps ?

D'ailleurs, n'est-il pas démontré que l'air charrie une grande quantité d'eau, autant ou plus
même dans le temps serein, et qui nous parait
sec, que lorsque les brouillards paraissent à l'œil ?
L'atmosphère n'est-elle pas un cahos, une pépi-
nière de corps très-différens, de sels, d'huiles et
de métaux ? Si l'on pouvait tirer d'une quantité
déterminée d'air, tout ce qu'elle contient d'étranger, ne le réduirait-on pas à presque rien ?

De plus, l'air lui-même est absorbé par toute
sorte de liqueurs, plus ou moins; il parait y perdre sa nature, il y est sans y agir, comme oisif,
sans s'y manifester, que par artifice; il est décomposé, comme on parle aujourd'hui; qui aurait cru qu'il pouvait se dépouiller de son activité et devenir, pour ainsi dire, une vraie partie
de la liqueur qui l'absorbe ?

Il faut l'avouer, si le philosophe Grec, avait
étudié sous nos maîtres, il aurait peut-être trouvé de quoi rendre son avis probable; tous ces
phénomènes sur la nature de l'air, tous ces paradoxes, fondés sur les expériences les plus avé-

rées, auraient pu lui fournir quelque raison au moins apparente.

Cependant avec la permission du très-vénérable Aristote, son opinion n'est pas de mise aujourd'hui; personne ne s'est encore avisé, que je sache, de faire revivre sur ce point, l'ancienne philosophie; elle est à la mode pour bien de choses, mais le tour de la transmutation de l'air en eau, n'est pas encore venu; on peut s'attendre à tout, il pourra venir.

Nous soutenons néanmoins que la fluidité et l'élasticité sont les propriétés les plus essentielles de l'air; il les conserve dans un froid quarante fois plus grand qu'aucun froid naturel; avec quelque force qu'on le comprime, il demeure inaltérable, et les changemens physiques qui détruisent le tissu de tous les autres corps, ne font que le faire reparaître avec ses qualités ordinaires; il faut cependant convenir qu'il parait par quelques observations, pouvoir être changé en corps solide; c'est ce que les physiciens ont déduit de la prodigieuse quantité d'air, que fournit le calcul animal.

Voilà, Madame, la physique de nos maîtres; ceux du temps passé voulaient toujours en être crus sur leur parole; aujourd'hui l'on nous laisse libres, jusques à un certain point; mais quand on nous parle d'une expérience, n'eut-elle été faite, que par deux ou trois personnes de poids, il faut nous rendre et ne pas raisonner beaucoup;

les immenses magasins de faits, que l'on a recueilli dans ces derniers temps, ferment la bouche ; il est permis de se servir de ce que l'on y trouve, je l'ai fait comme tant d'autres !

Mais je ne me suis point piqué de la précision, peut-être trop scrupuleuse, de nos modernes; j'éviterai aussi le langage et la méthode qu'ils emploient; si j'allais moi-même me servir de quelque calcul, ou de quelque expression algébrique, on ne manquerait pas de dire chez nous, que je veux faire peur aux gens.

Il serait pourtant bien à souhaiter, que l'on se donnat plus communément, la peine de prendre dans notre province quelque teinture de mathématiques; elles sont si nécessaires, si à la mode par tout ailleurs ! Il faudrait aussi savoir profiter de l'excès de ceux à qui l'on a reproché, de rendre la physique trop obscure et trop chargée, à force de vouloir l'éclaircir, par des calculs multipliés.

Dans ma suivante j'examinerai les deux autres opinions sur l'origine des Fontaines.

J'ai l'honneur d'être, etc.

# IV.<sup>e</sup> LETTRE.

MADAME,

Les partisans du second sentiment sur l'origine des Fontaines prétendent, comme j'ai eu déjà l'honneur de vous l'écrire, qu'elles viennent toutes de la mer, quoiqu'ils appuient leur opinion de l'autorité de l'Ecriture ; on sait assez qu'il est permis de ne pas suivre ce divin livre, sur les matières qui regardent seulement la physique.

Cette opinion nous a aussi été transmise par les Grecs, j'aime à lui voir une naissance aussi illustre qu'à la première : Pytagore comparait la terre à un grand animal, et suivant sa manière de penser, les eaux qui allaient et qui venaient par ses entrailles, ressemblaient aux humeurs qui se trouvent dans le corps des autres animaux.

Nous serions donc des Cirons auprès de ce Monstre, et dans le cas présent, on pourrait nous comparer à tous les vermissaux contenus dans les cavités de notre corps, qui amuseraient sans doute un philosophe assez heureux pour les entendre, s'ils voulaient avec aussi peu de lumières que nous, à proportion, raisonner et bâtir des systèmes sur l'origine des sucs, qui les arrosent à chaque instant.

Quoiqu'il en soit, cette seconde opinion ne manque pas de vraisemblance, on peut l'assurer; elle a choisi un reservoir, qui pourrait fournir long-temps; la mer ne parait pas facile à tarir; elle a tout au plus à craindre ce que proposait cet Ancien, qui voulait la boire, si l'on arrêtait tous les courans qui s'y déchargent.

Mais on n'est pas d'accord sur la façon dont on prétend que la mer fournit l'eau aux Fontaines; sans vous ennuyer par de longues discussions, je dirai d'après M. Descartes, qu'il parait assez vraisemblable, que l'eau de la mer, étant parvenue à certaine distance dans la terre, trouve des feux qui l'élèvent jusqu'au sommet des plus hautes montagnes, et il n'est pas impossible de concevoir que l'eau salée s'adoucit en se filtrant, et par les mélanges, les mouvemens, les sublimations et les effervescences qu'elle souffre.

Le troisième sentiment est le plus suivi; on a calculé que l'eau qui tombe dans un pays, suffit pour fournir à toutes les sources, et vous n'aurez point de peine à concevoir que cela est très-possible, surtout chez nous; tous les savans conviennent assez de la vraisemblance de cette hypothèse, il en est même qui la croient sûre; mais contentons-nous du vraisemblable, ce n'est pas peu sur l'article; les preuves qui tombent sous les sens d'un chacun suffisent pour la soutenir :

ne se forme-t-il pas chaque jour de nouvelles Fontaines, et la plupart n'augmentent-elles pas pendant les pluies. Les longues sécheresses n'en tarissent-elles pas plusieurs ? Celles qui résistent viennent sans doute de quelque grand réservoir.

Il est à présent question de se déterminer ; pour moi je ne trouve point d'inconvénient à soutenir les deux opinions reçues, à en faire un seul système ; elles s'aideront mutuellement, l'on pourrait mieux résoudre toutes les difficultés, et expliquer les phénomènes dont le détail n'est pas la matière d'une lettre.

J'ose donc croire, Madame, que la mer et les pluies entretiennent toutes nos sources, les eaux de la mer sont portées par leur gravité vers le centre de la terre, d'où elles sont repoussées par les feux souterrains, et portées vers la surface, celle-ci laisse passer l'eau des pluies qui va se ramasser dans des réservoirs, et se distribuer dans les canaux, qui la conduisent jusques aux endroits d'où elle jaillit.

Tels sont dans la montagne du *Tremaulet*, les lacs, d'où prennent naissance l'*Adour*, et le *Gave* de *Pau*, et dans les montagnes *d'Ossau*, ceux, d'où naît le *Gave d'Oloron*; les rochers forment de grands bassins, continuellement pleins, ceux-ci s'entretiennent par la fonte des neiges, qui font déborder les courans, quand elles tombent en quantité vers le printemps; et qui fondant tous les jours régulièrement, à proportion

que le soleil s'élève, changent aussi chaque jour,
presque à la même heure, les eaux du Gave
d'Ossau.

C'est de cette façon, que je crois pouvoir réunir
les deux sentimens, qui n'ont peut-être rien de
faux, qu'en ce qu'il semble que· leurs partisans
prétendent qu'ils s'excluent mutuellement : je vous
ai souvent entendu dire, que les physiciens devraient imiter les abeilles, qui ne composent leur
miel le plus doux, que des sucs combinés de fleurs
différentes. Du reste, je ne parle point du sentiment de ces physiciens, qui veulent que l'air se
charge d'eau dans les différens endroits humides,
sur lesquels il passe, pour l'aller déposer dans
les fentes des rochers, et pour entretenir ainsi
les Fontaines. Cette cause ne saurait suffire seule,
et on peut raporter ce sentiment à celui des pluies.

J'ai l'honneur d'être, etc.

## V.ᵉ LETTRE.

MADAME,

Je suppose que nous savons assez quelle est
l'origine des Fontaines. Il faut à présent découvrir d'où elles tirent leurs qualités, et pourquoi
certaines sources sont chaudes plus ou moins ?

Il faudrait des discussions fort longues, pour examiner les sentimens de tous les philosophes ; l'envie de faire des découvertes les a toujours engagés, dans des examens, qui sont peut-être au-delà de leur sphère.

On pourrait être étonné, de nous voir chercher comment ce qui est dans les entrailles de la terre s'échauffe, tandis que nous ne savons pas assez clairement, comment l'eau que nous exposons nous-mêmes au feu, acquiert un certain degré de chaleur.

Savez-vous, nous dirait-on, à parler de bonne foi, ce que c'est que le feu, ce que c'est que cette chaleur ? Vous, Carthesien, vous avez recours à vos mouvemens de vibration ; l'eau devient chaude parce qu'elle est mue en tous sens, par une matière insensible ; mais d'où vient que que quand l'eau bout une fois, elle n'acquiert plus de chaleur ensuite ? Est-ce qu'en augmentant le feu, on ne peut pas lui donner plus de mouvement ? D'où vient que l'huile qui est plus légère que l'eau, peut devenir plus chaude, de beaucoup de degrès ? Et vous Neutoniste, vous prétendez que les parties de chaque corps attirent plus ou moins les corpuscules du feu, qu'elles ont plus ou moins d'analogie avec les particules ignées : autres paradoxes !

Laissons, Madame, les Pyrronniens s'égarer, et flotter dans leurs doutes, il ne convient pas d'être trop rigide ; vous savez mieux qu'un autre

le fort et le faible des Neutonistes, et des Carthe-
siens; après avoir donné pour des vérités éter-
nelles, ce qu'ils s'imaginent, ou ce qu'ils con-
cluent de quelques phénomènes, après s'être mutuellement fait une certaine quantité d'argumens
usés, ils finissent par les injures, et chacun persiste dans sa façon de penser.

Vous n'aimez point ces sortes de disputes,
mais aussi ne faut-il pas tomber dans un pirro-
nisme outré; il n'est pas permis à tout le monde
de penser d'une certaine façon, même sur les
matières de physique; il n'y a qu'à ne s'engager
dans aucun parti, on serait infailliblement forcé
de soutenir quelque absurdité, mais on doit imiter les Médecins; nous savons prendre ce qu'il y
a de bien clair dans chaque Secte, il est rare
d'en voir qui donnent tête baissée, dans les idées
d'autrui. Pour ce qui est de la chaleur des Eaux
minérales, nous nous croirons assez instruits,
quand nous saurons s'il y a sous terre, des feux
comme les notres, ou si les eaux s'échauffent par
des effervescences.

Il y a des feux souterrains, personne n'en doute, plus on avance vers le centre de la terre, et
plus on trouve des endroits chauds, c'est un fait
démontré chez les Savans. On est donc en droit
de supposer, que s'il passe de l'eau dans les lieux
plus proches de ce même centre, ou dans des endroits voisins des feux qui sont sous la terre,
elle s'échauffe plus ou moins; ne peut-on pas

aussi croire que ces deux causes peuvent échauffer nos Fontaines ?

On sait d'ailleurs qu'une pâte, faite à la façon
de M. Lemery, avec l'eau, et parties égales de
limaille de fer et de souffre pulverisé, s'échauffe
jusqu'à jetter des flammes : n'y a-t-il pas une terre
en Angleterre, qui échauffe l'eau dans laquelle
on la plonge? Il peut y avoir d'autres matières,
que nous ne connaissons pas, et qui ont la même
vertu, n'en voilà-t-il pas plus qu'il n'en faut pour
se faire, comme l'on dit, un système sur l'article?
mais comme il n'y a pas précisément, que je sache,
plus de feux souterrains, dans les endroits où l'on
voit jaillir des sources chaudes; comme aussi il
est assez difficile de concevoir que le fer et le
souffre, aient dans la terre, les qualités et les
proportions qu'il faut pour faire l'expérience de
M. Lemery, etc. j'aime mieux croire que l'eau
de la mer trouve des canaux qui la conduisent
à une certaine distance du centre, où elle s'é-
chauffe et d'où elle est repoussée, en conservant
la chaleur que nous apercevons.

Par ce moyen, j'ai une cause invariable, il ne
faut plus donner la torture à l'imagination, sur
la durée des sources chaudes; peut-être même
viennent-elles toutes par cette voie de la mer,
tandis que les eaux douces et froides, viennent
des pluies.

Je ne parle pas de ceux qui croient que l'Auteur de la nature, a créé les sources chaudes ·

car enfin où serait leur réservoir ? Comment s'en-
tretiendrait-il ?

Je crois pourtant qu'une Eau minérale est un
vrai mixte, et dont la nature prend soin, chacune d'elles. charrie son minéral particulier; on
peut s'imaginer, qu'une eau chaude passant sur
des couches de terre, impregnée de telle ou telle
matière, en emporte avec soi certaines portions,
et de là naissent les eaux ferrugineuses et souffrées, comme j'aurai lieu de le dire dans la suite.

J'ai l'honneur d'être, etc.

# VI.e LETTRE.

MADAME,

Les naturalistes rangeaient autrefois toutes les
Eaux minérales sous deux classes; ils les divi-
saient en thermales ou chaudes, et en acidules
qui contenaient un esprit, ou un sel acide : il a
plu à M. *Hofman*, grand médecin Allemand, de
nous dessiller les yeux; il démontre, que ce qu'on
prenait pour des sels acides, est au contraire un
sel alkali; de façon qu'il dérange cette belle divi-
sion qui fut long-temps en vogue, et la source
de plusieurs erreurs.

On a fait de nouvelles classes, de toutes le
Eaux du Royaume; mais je crains que quelqu
Savant ne se mette dans l'esprit de réformer tou
ces arrangemens; il en est qui trouvent à redir
à tout, et je suis d'avis, que nous distinguion
les Eaux, en chaudes, et froides minérales; nous
aurons occasion dans la suite de connaître ce
qui entre dans la composition.

Nous remarquerons en attendant, d'après des
gens d'autorité, qu'il n'y a point d'Eau minérale
qui contienne du plomb, de l'étain, de l'anti-
moine, de l'argent, et de l'or.

Il y a des qualités communes à toutes les Eaux
chaudes minérales; elles sont toutes un peu plus
chaudes, plus actives le matin que le soir; la
nuit que le jour; l'hiver que l'été, et cela est
naturel; moins la terre transpire, plus les pores
sont serrés par le froid, plus aussi les esprits des
Eaux se concentrent avec la chaleur. Il n'est pas
impossible de comprendre ce phénomène, et
d'en donner raison.

Mais ce qui me paraît difficile à expliquer,
c'est que les Eaux minérales ne font pas sur les
organes du goût et du tact, les mêmes effets que
l'Eau commune chaude, au même degré d'un
Thermomètre connu; d'où vient cette différence?
Est-ce que les parties de feu contenues dans l'Eau
minérale, sont trop subtiles? Et ne devraient-
elles pas par cela même être plus pénétrantes?
Cependant il y a des matières très-tendres, com-

me l'ozeille , qui résistent à l'action de ces particules, qui en sont flétries à peine, et qui sont
bientôt cuites dans l'eau commune, chaude au
même degré; avec ceci de singulier, que cette
Eau commune se refroidit beaucoup plutôt que
la minérale.

Elle perd plus vite une chaleur plus active ,
elle a une chaleur plus âpre qui s'évapore, qui
se dissipe, et celle de l'Eau minérale se concentre
et l'abandonne avec peine, comme s'il y avait
quelque lien qui l'y retint, et qui ne la laissât
agir, que pour se montrer, pour ainsi dire, pour
se faire connaître, sans faire des effets que l'on
attend; quels paradoxes !

Cette Eau minérale a la vertu de raréfier la
liqueur d'un Thermomètre, autant que cette eau
commune; elles sont donc également chaudes;
mais la commune fait plus d'effet sur nos sens ,
et sur certains corps que nous y plongeons; elle
se refroidit plus vite, l'expérience le démontre,
il n'y a rien à dire; quel champ pour un physicien éclairé ! comment trouver le nœud de toutes
ces difficultés ? Et comment rendre raison, d'où
vient qu'une Eau minérale chaude n'a pas plus
de disposition pour bouillir que l'Eau commune
froide, cela parait incroyable; il faut pourtant
autant de temps pour faire bouillir l'une que l'autre, on a souvent fait l'expérience, et j'ai exposé
à un feu égal la même quantité d'Eau minérale
refroidie, de la chaude, et de l'Eau commune;

elles ont bouilli en même-temps à peu de chose près.

Je sais que l'on dit que les parties des minéraux sont la cause de tous les effets extraordinaires, cela est vrai ; mas n'y aurait-il pas du feu de plusieurs espèces ? Quelle est la qualité qui en fait l'essence ou la nature ? Par où se ressemblent-ils ? Par où diffèrent-ils ?

Il y a des physiciens qui croient que la lumière et le feu sont peut-être des corps différens ; ils sont souvent unis, et séparés quelque fois ; le fer, par exemple, peut être très-chaud, sans qu'il éclaire ; les rayons de la lune rassemblés par un miroir ardent, ne manifestent aucune chaleur : pourquoi n'y aurait-il pas des feux qui rarefie-raient une liqueur autant qu'un autre feu, et qui n'auraient pas la vertu de se faire autant sentir à nous ?

On a aussi remarqué que toutes les Eaux minérales chaudes, ou froides, contiennent une substance très-active et très-subtile, qui s'évapore en peu de temps ; c'est dit-on, cet esprit universel, répandu dans les entrailles de la terre, qui donne aux eaux leur vertu ; il les vivifie, il fait leur portion la plus noble et la plus essentielle, celle qui anime, pour ainsi dire, tout le reste.

Quelques physiciens ne veulent pas entendre parler de ces êtres volatils, qui échappent même à l'imagination ; aussi, il n'est pas facile de déter-

miner, pourquoi cet esprit répandu par tout ne
se fait pas sentir, par exemple, dans l'Eau commune : quelle est cette matière qui l'attire si for-
tement ? On pourrait dire, qu'il se manifeste plus
ou moins dans tous les corps; chaque mixte en
contient, chacun a sa sphère, ou ses corpuscules,
les plus actifs s'étendent; il est sûr au moins
que les Eaux minĕrales contiennent une matière
qu'elles laissent échapper en peu de temps; c'est
cette vapeur que l'on sent à la source, qui fait
casser les vaisseaux où l'on transporte l'eau, s'ils
sont trop serrés, et qui exige que l'on use de certaines précautions, dont nous parlerons dans la
suite.

Ne serait-ce pas ce que M. *Hartsocker* attribue
de particulier à chaque mixte; qu'on ne dise point
qu'il n'est rien de plus obscur; nous n'avons point
de peine à en convenir, et je me souviens toujours, qu'un des plus grands hommes du siècle,
dit, que la nature n'est pas aussi peu composée
qu'on le croit communément.

Je suis si pénétré des profondeurs des ouvrages de l'Etre suprême, qu'il me semble qu'on
ne saurait être assez réservé, pour établir des
lois générales; chaque siècle détruit, ce qu'il y
avait de plus reçu dans le précédent; par exemple, ne convient-on pas assez chez tous les nou-
veaux philosophes, qu'il est constant que tout
animal vient d'un œuf, qui le contenait en petit;
comment, outre plusieurs autres raisons, sans

donner la torture la plus forte à son esprit, con-
cilier cette opinion, avec l'observation d'un nouveau philosophe ; c'est un botaniste Hollandais,
qui a trouvé un animal, qui, étant coupé en plusieurs parties, lui a donné plusieurs animaux de
la même espèce, chaque partie ayant repris vie ; on
prétend avoir trouvé des vers, dont la moindre
portion reprend tête et queue, en peu de temps,
on en a divisé en bandes, qui devenaient chacune,
un ver comme le premier, et qui n'étaient dif
férens, qu'en ce qu'ils étaient plus ou moins effi-
lés ; on en a trouvé, que l'on retournait du de
dans en dehors, comme un gand ; enfin on a obser
vé qu'il y a une espèce de ces insectes, qui port
de chaque côté des prolongemens qui grossissen
et qui s'étendent comme des racines ou des bran
ches, et forment ensuite des animaux semblable
à la mère.

Ce sont là des observations que l'on nous don
ne pour vraies ; j'ai l'honneur de vous les com
muniquer, comme je les ai reçues de plusieur
bons physiciens, dont je respecte les décisions
je me réserve pourtant le droit de me rétracter
s'il est besoin.

Mais je suis sûr d'avoir observé qu'une de
extrémités d'un gros ver de terre étant coupée
le tronc repousse une autre extrémité, qui e
grèle et tendre pendant long-temps ; tous nos ja
diniers prétendent que ces gros vers coupés s
reprennent ; tout le monde sait que les pates d

Ecrevisses reviennent; on prétend que le ver soli-
taire dont l'origine n'est pas connue, repousse et
se ralonge, pourvu que sa tête reste dans le
corps de celui qui le porte; il semble que quand
on lui coupe quatre ou cinq aunes de son corps,
on lui donne de nouvelles forces, comme à un
fruitier que l'on émonde; un de mes amis m'a
même assuré avoir coupé la tête à une mouche à
qui elle était revenue ; je ne l'ai point cru, mais
toutes ces expériences font trembler, et doivent
bien dérouter un homme qui a son système fixe;
il est plus d'un phénix, si l'on allait aujourd'hui
se mettre dans l'esprit, de marcoter certains animaux, de les enter ou écussonner, en vérité ce
serait un plaisant spectacle.

J'ai l'honneur d'être, etc.

## VII.<sup>e</sup> LETTRE.

MADAME,

Quoique tout le monde éprouve l'utilité des
Eaux, il n'est personne qui soit plus en état d'en
rechercher les propriétés que les médecins; personne n'y est plus obligé : notre maître Hypocrate

nous le recommande dans plus d'un endroit.
Qu'est-il en effet de plus digne de notre attention ? Sans parler de l'Eau commune, dont les
usages sont si étendus; pouvons-nous ignorer les
qualités de tant de sources minérales ?

Et pour nous renfermer dans celles de notre
pays, nous devons d'abord remarquer, que nous
n'en avons point de ces extraordinaires, qui jet-
tent dans la rage et dans la fureur, qui empoi-
sonnent, qui changent, dit-on, ce que l'on y jette
en métaux, qui éteignent une chandelle allumée,
la première fois qu'on la plonge dans l'eau, et
qui la ralument à la seconde, et d'autres dont
les historiens nous parlent.

Nous n'en avons que de propres à guérir nos
infirmités, il n'est point de remède aussi étendu
et aussi sûr; rien ne rétablit aussi bien le jeu et
le ressort des parties du corps; rien ne pénètre
mieux les filières les plus déliées, où des liquides privés du mouvement nécessaire à la vie se
ralentissent, et s'épaississent; rien enfin ne tem-
père plus doucement des humeurs effarouchées,
ou des solides trop tendus, pourvu qu'on les
emploie dans des cas convenables.

Mais, il faut l'avouer, plus les Eaux minérales paraissent salutaires, plus elles sont faciles à
prendre, plus aussi sont-elles pernicieuses, quand
on en use sans précaution, il est sur ce point des
abus que l'on devrait réformer.

Je ne parle pas de ceux qu'ont introduit les

différentes façons de penser des médecins ; il y
a déjà long-temps , que l'on a cru s'apercevoir que leurs tempéramens , leurs passions,
et surtout leur prévention, les portent à favori-
ser tel ou tel remède , au préjudice de tout autre.
Je ne dirai pas qu'on accuse ceux de notre Capitale , d'avoir chacun ses Eaux, qu'il préconise
aux dépens de toutes les autres ; ils ne pensent
pas qu'un seul et même remède convient à tous
les maux ; ils savent s'accorder dans l'occasion , et
toujours pour le bien des malades.

Je voudrais au moins que l'on arrêtât la passion que tant de personnes ont pour ordonner ;
ce ne sont que précieuses, que fades plaisans, que
de prétendus gens d'esprit, qui, sans la moindre connaissance de l'économie animale, ou de
ce qui lui convient, osent se décider en maîtres,
briguer, pour ainsi dire, des pratiques à la source qui a guéri miraculeusement Madame la mar-
quise , ou M. le baron : il n'est personne qui ne
se croie assez fort, pour insinuer un petit mot
d'ordonnance , un coup de dent contre le médecin ordinaire, un éloge pompeux de celui qu'on
protége ; tout est mis en œuvre, que n'entre-
prend-on pas, quels ressorts ne met-on pas en
usage ? Les payens avaient-ils tant de tort de cacher la Médecine, sous les voiles de leur fausse
religion ? Avec quelle audace ose-t-on raisonner
sur ce qu'on n'entend pas ? Tandis, qu'un Médecin honnête-homme , tremble, un ignorant déci-

de tout, rien ne l'arrête ; qu'il y a bien des malades, qui sont la victime de leur crédulité.

Et ce qu'il y a de singulier, c'est que cette façon de penser s'étend chez le vulgaire le plus grossier : j'ai vu une femelette, qui, après avoir fait dix lieues à pied, par un temps fort chaud, alla tout de suite boire vingt et cinq gobelets d'Eau minérale très-chaude, et très-purgative ; elle eut une dissenterie des plus opiniâtres : une autre se mit dans l'esprit de plonger sa tête dans un bain très-chaud, et d'y rester jusqu'à ce qu'elle crachât le sang : combien n'y a-t-il pas de pauvres gens qui se crèvent pour se trop gorger d'Eau, qu'ils paient, disent-ils, assez chèrement, pour en boire une bonne dose.

Il me semble qu'il serait à propos, que des Magistrats attentifs réformassent des abus pareils ; pourquoi permettre que qui que ce soit prenne des remèdes sans le conseil d'un Médecin ? J'ai vu quelque fois avec compassion, les funestes effets qu'ont produit la crédulité, ou la forte envie de guérir chez des malades, qui se seraient fort bien rétablis s'ils eussent été traités comme il faut.

Il est encore des gens, qui ayant par leur métier un libre accès auprès des malades, ordonnent le plus souvent, des eaux qu'ils ne connaissent pas assez, la plupart ; je crois que le plus court est de les instruire, le public ne souffre que trop de toutes les disputes qui nous séparent; je ne vois rien de si mal entendu que ces divisions, elles ne servent qu'à aigrir les partis ; faut-il que parce que quelques uns d'entr'eux, que l'orgueil et l'avarice maîtrisent, oublient leur devoir, les Médecins donnent dans des travers nuisibles à la société ? Je profiterai toujours de ce que je trouverai de bon, de quelque part que cela me vienne, et je ne cacherai jamais rien, surtout à des gens qui voient et qui traitent tous les jours des malades ; on connaît ce qu'ils peuvent savoir ; plus ils diront avoir fait merveille, plus ils se vanteront eux-mêmes, et plus aussi je tâcherai sans nulle affectation de leur apprendre des choses dont ils auront besoin tôt ou tard ; je m'y crois obligé par les motifs les plus pressans ; tant de pauvres gens dans nos campagnes sont privés d'avoir des Médecins ; où en seraient-ils, si quelqu'un ne pouvait suppléer dans les cas les plus ordinaires ? Les temps pourront changer.

J'ai l'honneur d'être,

# VIII.ᵉ LETTRE.

MADAME,

Bien de raisons m'engagent à commencer par les Eaux d'*Ossau*. Vous avez dans ce canton des domaines qui vous mettent à même de les connaître plus particulièrement ; c'est mon pays natal, un bon patriote doit être naturellement porté pour les siens.

Notre vallée est sans doute, une des plus vastes et des plus agréables ; plus elle paraît affreuse tout d'un coup, et plus les gens faits à la plaine sont étonnés de la hauteur de nos montagnes, plus aussi sont-ils surpris de la beauté et de la fertilité de nos valons ; les Pyrénées mêmes qui paraissent tout d'un coup stériles, fournissent des biens immenses ; tout s'y trouve, l'agréable pour les curieux et l'utile pour les infirmes.

Il n'est point d'air aussi pur, et je ne doute pas qu'on ne put l'ordonner comme un préservatif contre bien des maux, et même comme un rémède surtout dans le temps chaud, lorsque la fraîcheur de ces aimables forêts et de tant de ruisseaux si clairs, jointe à la tranquillité de la solitude, peut mettre l'esprit en repos, et rétablir l'harmonie et la paix qui font la vie du corps et celle de l'ame.

Je parlerai d'abord des Eaux que l'on appelle *Bonnes*, *Aïgues-Bounes*; mon père les a le plus mises en vogue, on les appele souvent les Eaux de *Bordeu*; elles se trouvent dans un endroit sur lequel vous avez des prétentions, à un quart de lieue du village *d'Aas*, dans un vallon entouré des plus hautes montagnes.

J'ignore la façon dont on les trouva, il y a sans doute long-temps qu'elles sont connues; on ne fait pour l'ordinaire que des contes sur toutes ces découvertes; le vulgaire aime le mystère en tout; je me souviens seulement que le vieux *Ologaray*, en parle comme des Eaux dont on se servait de son temps. M. de Marca en parle aussi.

Quoiqu'il en soit, il y a trois sources dans les Eaux-Bonnes; la première que l'on nomme la *Vieille*, a un tuyau pour boire, et un autre pour un bain, elle est assez abondante, presque au pied d'une montagne; la seconde, ou la *Neuve*, est un peu plus bas, le long d'un ruisseau nommé la *Soude*, qui va joindre le *Gave*; celle-ci n'a point de bain, elle a été raccommodée depuis peu par les ordres des commissaires des États; et la troisième enfin que l'on nomme *d'Ortechg*, est à cent pas environ des deux autres, sur l'autre côté de la montagne. Outre cela, on entend et on trouve de l'eau de la même nature, qui se perd dans plusieurs fentes des rochers.

L'eau de toutes ces sources qui sont apparemment des filets de la même est assez égale; elle est claire et limpide, charriant pourtant certains flocons blanchâtres, et pétillant dans le verre qui se remplit de petites bulles qui, après bien des mouvemens vont éclater sur la surface.

On la trouve onctueuse, grasse et très-douce; elle est tiède; elle sent les œufs cuits, et n'a pas une si mauvaise odeur que les couvés; au contraire certaines gens sont flattés de l'odeur qu'elle répand et qui se fait sentir au loin; tout le monde ne trouve pas son goût désagréable, et on s'y accoutume facilement; il est doux, éguisé d'un petit montant légèrement vineux et sucré, qui désaltère et qui lui enlève cette pesanteur, ou cette *vappidité* de l'eau commune, chaude au même degré.

Les canaux et les pierres sur lesquelles l'eau passe sont enduits de glaires qui sont à peu près comme des blancs d'œufs; étant sechées, elles brûlent et sentent le souffre, que l'on sent aussi en approchant de la source surtout par un temps couvert; on trouve aussi quelque peu de sediment jaunâtre dans les endroits où l'eau peut croupir, ou sur les linges, ou les œufs qui y trempent long-temps : elle paraît décrasser l'or; elle noircit l'argent, commençant par lui donner une couleur brun rouge, qui vient par degrés jusqu'à la noirceur, ou plutôt jusqu'à la couleur du plomb, qui dure, ce me semble, plus long-temps, avec ces eaux, qu'avec toutes les autres, que je connais, et qui met aussi plus de temps à s'imprimer.

L'eau mêlée à la teinture de noix de gâle noircit assez vite, en conservant quelque temps une nuance rouge, mêlée à l'esprit de vitriol à celui du vin, ou du vin lui-même, et à l'huile de tartre, elle ne manifeste aucun mouvement.

Elle ne change point le lait; elle rougit tout d'un coup, et paraît rarefier le sang humain, qui reprend en peu de temps sa consistance, à peu de chose près; étant exposée à un feu lent, ce qui s'élève sent fort peu le souffre; il se forme une pellicule, et il reste après l'évaporation totale une matière blanchâtre qui paraît être la quatre-centième partie du total; cette matière est un peu salée; elle ne donne point des marques d'acidité, au contraire elle paraît bouillonner avec des liqueurs acides, et se dissout facilement dans l'eau, dans laquelle elle dépose un peu de terre insipide.

De tous ces phénomènes je conclus, que nos eaux contiennent du souffre, comme l'odeur, le goût et l'inflammabilité des glaires le démontrent, sans parler de la teinture de l'argent.

Il paraît aussi qu'elles charrient quelques parties de fer, et quoique le changement de couleur, en ajoutant la poudre de noix de gâle, ne soit pas une assez forte preuve, puisque l'eau commune noircit, quand on l'y mêle, comme je l'ai éprouvé; cependant les sédimens jaunâtres que l'eau dépose, sont une preuve suffisante de la présence du fer, qui se trouve aussi dans le résidu avec le couteau aimanté.

Ce fer, joint au souffre, peut composer dans l'eau une espèce de vitriol que la nuance rouge de la teinture des noix de gâles indique, selon les Auteurs, et qui, s'il y en a, est sans doute en très-petite quantité, puisque cette rougeur ne dure presque pas.

Enfin, nous avons dans les Eaux-Bonnes une terre poreuse, fort divisée, et une espèce de sel dont il n'est pas aisé de définir la nature; surtout elles contiennent beaucoup de cette partie spiritueuse volatile dont j'ai déjà parlé dans ma *sixième Lettre*, et qui emporte apparamment ce sel un peu piquant qui se fait sentir au goût, cette huile qui rend l'odeur plus vive.

Le total est savoneux et huileux, les minéraux en sont extrêmement subtils, ce sont des molécules prodigieusement divisées, qui ne font leur effet que peu à peu, comme sur l'argent, mais qui pénètrent mieux les pores les plus affinés; ils ont été tant battus, tant fouettés par les élaborations intestines et par les chûtes à travers les rochers, qu'ils n'ont rien conservé de grossier, ou qui ne fût très-actif.

Dans ma suivante, j'aurai l'honneur de vous parler de la vertu de nos eaux.

J'ai celui d'être, etc.

## IX.ᵉ LETTRE.

MADAME,

On peut ranger sous deux classes les maladies qui peuvent être traitées par les eaux Bonnes; je comprens dans l'une celles pour lesquelles on a déjà fait l'épreuve, et dans la seconde celles qui me paraissent le plus approcher des premières; c'est le moyen, je crois, de ne rien avancer au hasard, et on ne pourra point m'accuser de donner pour des faits, des choses qui ne sont peut-être que dans mon idée.

Commençons d'abord par faire un détail des infirmités guéries par le secours de nos eaux. Il sera aisé de conclure, qu'en pareil cas, on doit employer le même remède; et je crois qu'il est inutile de déclarer que je n'avance rien que sur bonne autorité; je me sers surtout des expériences de mon Père, et de celles des autres grands médecins, que j'ai été en occasion de voir.

Premièrement, il est de notoriété publique, que les eaux Bonnes sont un des meilleurs vulnéraires que l'on connaisse; elles conviennent pour toute sorte de vieille plaie, qu'elles détergent à merveille, si elle n'est point entretenue par quelque virus particulier; elles aident la suppuration, et elles sont excellentes pour toutes les caries.

Il n'est point dans la province un médecin qui ne les emploie, avec autant de confiance, que le meilleur digestif artificiel; on ne voit aux Eaux que de vieux ulcères; j'ai même remarqué que la confiance que l'on a pour leur efficacité, est un peu outrée; on doit opérer sur le malade, faire les ouvertures et les incisions nécessaires, pour qu'il n'y ait aucun sinus, aucun clapier, qui empêche le remède de pénétrer, et la plaie de se purger. J'ai vu des cas qui auraient demandé des opérations, auxquelles les malades ne voulaient pas consentir, parce qu'on leur avait trop fait espérer des eaux. Il est aussi des ulcères fomentés par quelque défaut de la masse des humeurs; ce sont des liqueurs gâtées par quelque levain pernicieux, des vaisseaux trop affaissés, trop gorgés; on doit commencer à combattre ces sortes de maladies par des spécifiques, pour que les eaux Bonnes puissent mordre.

En second lieu, mon Père a, par devers lui, des observations particulières : il a vu trois ou quatre malades qui étaient sur le point de se faire faire l'opération de la fistule au fondement; il leur a ordonné les Eaux-Bonnes en injection et en boisson, et ils ont été dispensés de tout autre secours, étant guéris radicalement. Ceci n'est-il pas merveilleux ? On ne doit pas douter que ces malades ne fussent dans le cas de l'opération, d'habiles maîtres étaient d'avis qu'on la fît.

Quoique les fistules ne soient à proprement parler que des ulcères auxquels nos eaux conviennent, comme je l'ai déjà dit, le cas est pourtant singulier, et il serait à souhaiter que tous ceux qui ont le malheur d'être atteints de cette maladie, commençassent par tenter notre remède, qui n'est ni aussi douloureux, ni aussi périlleux que l'opération, et qui peut-être convient en autant de cas.

Troisièmement, tous les médecins qui connaissent nos eaux, savent qu'elles sont bonnes pour certains pulmoniques. On en a vu quelques-uns qui après avoir craché le pus et le sang, ont été, sinon guéris radicalement, au moins délivrés d'une mort prochaine; et ceux qui sont menacés de cette maladie, se trouvent à merveille de l'usage des eaux; ils sont entretenus dans un embonpoint qui passerait bientôt si on les abandonnait à eux-mêmes.

On a soin, dans ces cas, d'user de nos eaux fort long-temps; on les prend, en suivant la diète convenable, à petites doses, et il faut les couper avec du lait, avec quelque bouillon, quelque syrop, ou quelque décoction adoucissante, suivant l'avis du médecin ordinaire.

En quatrième lieu, on a guéri par l'usage des Eaux-Bonnes, des personnes qui étaient actuel-

lement atteintes de la fièvre hectique, qui étaient
d'une maigreur surprenante, et dans cet état que
nous appelons *Marasme ;* des hypocondriaques
s'en sont bien trouvés, comme aussi des femmes
attaquées de passion hystérique.

Cinquièmement, on s'en sert avec succès,
contre les maux de tête habituels, contre les
rhumes récens et invétérés, contre l'asthme,
contre toutes les maladies de l'estomac, contre
les pâles couleurs, les fièvres intermittentes, les
rhumatismes, et toute sorte d'obstructions, qui
ne résistent guères à ce remède, si on l'emploie
dans des temps convenables, lorsque la maladie
n'a pas pris le dessus. Enfin, on se sert des Eaux
Bonnes toutes les fois qu'il est nécessaire d'adoucir des humeurs trop âcres, de les tempérer
quand elles sont effarouchées; et de les animer
lorsqu'elles sont lentes et visqueuses; de relâcher des solides trop tendus de leur redonner
même leur ton naturel, quand ils l'ont perdu,
et de rétablir cette équilibration entre les vaisseaux et leurs humeurs, qui fait que les circu-
lations, les sécrétions et les digestions subsistent
dans leur état naturel.

Tous ces effets dépendent assez de la différente
dose des eaux, que l'on donne aux différens tempéramens : s'ils paraissent opposés, et ne pouvoir pas être produits par une même cause, on
doit s'en prendre à la faiblesse de nos lumières,
qui ne nous permet point de connaître la façon

d'agir d'un remède, qui a des usages si étendus et qu'on peut regarder comme un Prothée qui sait toujours parvenir au but que la nature a en vue, quand elle n'est pas absolument vaincue par la force du mal.

Pour moi, je crois que les Eaux-Bonnes agissent, surtout, en donnant au sang, ses esprits, cette chaleur vitale, qu'il perd quelquefois, plus ou moins, quand des sucs âcres détruisent le tissu de ses parties, ou que des levains visqueux l'empêchent d'agir : les Eaux-Bonnes l'animent et le délayent, en lui fournissant une huile volatile, qui le rend plus propre à toutes les fonctions, surtout à la réaction et au bouillonnement dont il a besoin pour contre-balancer l'effort des solides, pour les faire agir eux-mêmes, et pour entretenir le mouvement perpétuel qui fait la vie.

J'ai l'honneur d'être, etc.

## X.ᵉ LETTRE.

MADAME,

Vous avez vu dans ma précédente une liste des principales maladies que l'on traite avec nos eaux : dans celle-ci j'indiquerai celles qui me paraissent pouvoir céder au même remède ; le raisonnement bien fondé, s'il n'est pas aussi sûr que l'expérience, ne nous trompe cependant point, quand nous nous tenons sur nos gardes, et que nous avons soin de ne pas nous éblouir par l'amour de nos propres idées. Il serait à souhaiter que tous ceux qui prennent à tâche de vanter l'utilité d'un remède, distinguassent toujours avec soin ce qu'ils ont observé, d'avec ce qu'ils croyent possible. Quand on ne veut tromper personne, on dit les choses comme elles sont. Je ne doute nullement que l'on ne se soit servi des Eaux-Bonnes, dans les cas et de la façon que je vais le rapporter : mais comme cela n'est pas encore assez parvenu à ma connaissance, je ne prends sur moi que le soin d'indiquer ce qui me paraît vraisemblable ; ce que je ferais pour mes malades et pour moi-même, si l'occasion s'en présentait.

En premier lieu, je suis si convaincu que nos eaux sont vulnéraires, que je ne ferai jamais difculté de les employer dans toute sorte de vieille plaie ; je bannirai toutes ces compositions, vrais ragoûts *Arabes*, qui ne sont que pour la pompe de l'art ; je leur substituerai notre Baume naturel ; je ne dis pas qu'il suffise toujours, mais je ne me lasserai point d'insister à noyer l'ulcère, à l'humecter continuellement avec une eau si balsamique et si pénétrante ; j'en ferai prendre in-

térieurement, pour que cette rosée que la circu-
lation porte dans la plaie, soit adoucie, vivifiée
et purgée de tout aigre qui pourrait empêcher
l'union des grains charnus, qui doivent toujours
être dans un état, qui leur permette de céder
à la force des humeurs, sans que cependant ils
succombent, et qu'ils s'affaissent.

On se sert des eaux en bain, comme en boisson, et en injection : je pense qu'elles conviennent à toutes les maladies de la peau, aux dartres,
gales et taches, qui viennent toujours d'une
transpiration gâtée, que les eaux Bonnes adoucissent ; en divisant toutes les concrétions qui
peuvent boucher les orifices des vaisseaux, en
humectant les écailles qui se durcissent souvent,
qui gênent les humeurs, et les font croupir dans
les petits réservoirs qu'elles corrompent, en se
gâtant elles-mêmes par un trop long séjour :
pourrait-on trop laver ce qui est comme l'égoût
où la plus grande partie des excrémens doit passer?
La peau n'est qu'un crible, qu'il faut entretenir
dans sa propreté ; qu'est-il de plus pénétrant,
et de plus commode que nos eaux ? On sent avec
délice, dans le bain, cette huile qui rend la
souplesse toute naturelle ; et si l'on a soin de les
boire en suffisante quantité, il en va toujours
à la partie malade, et il n'est point affaissement,
obstruction, ou concrétion qui résiste au choc
des particules de l'eau, qui viennent du dedans
et du dehors ; elles abattront tout obstacle, qui

ne sera pas fomenté par quelque levain qui demande une attention singulière.

En second lieu, il me semble que je ne saurais assez insister sur les observations de mon Père : quel bonheur si on pouvait trouver un remède qui épargnât et les douleurs et les risques de l'opération! Ceux qui ont des fistules, pourraient-ils ne pas tâcher de se soulager sans qu'il leur en coutât si cher? Et les médecins peuvent-ils s'empêcher d'essayer des secours qui qui ne sont point risqueux, et qui peut-être se trouveraient efficaces, surtout, puisque pour l'ordinaire on ne perd pas grand chose pour attendre dans ces occasions? Qu'on ne me dise point qu'il en est qui demandent le fer et le feu, j'en conviens; mais combien de fistules n'y a-t-il pas qui guériraient par le moyen d'une simple contr'ouverture, en dégageant un peu l'ulcère, et en se servant des Eaux-Bonnes? En un mot il faut tenter, on ne risque rien, et sur ce pied, on doit employer notre remède pour les fistules lacrimales, celles mêmes où il y a carie, les ulcères aux oreilles, au nez, à la bouche, au col, pour les fistules à la poitrine, pour les impiemes, les fleurs blanches, les dissenteries opiniâtres, les ulcères des reins et de la vessie, etc.

Je me souviens même d'avoir ouï dire à mon Père qu'on pourrait faire des injections dans le ventre des hydropiques, après que l'on en a tiré l'eau qui y croupissait; effectivement il y

reste toujours une lie que les Eaux-Bonnes em-
porteraient : d'ailleurs les eaux des hydropiques
ne s'épanchent-elles pas par la déchirure de quelque vaisseau? Ces petites déchirures sont-elles
incurables? La nature ne tend-elle pas à les cicatriser, pourquoi ne pas l'aider. Que sont nos
plus gros ulcères, qu'un composé de plusieurs
infiniment petits? Tous doivent être égaux aux
yeux d'un homme qui connaît la composition
du corps humain; le remède qui convient aux
plus grands, convient de même aux plus petits,
et je ne vois nul inconvénient à user des Eaux-
Bonnes, dans le cas où l'on soupçonne une acri-
monie *Scorbatique*, un levain *Ecrouëlleux* qu'elles
combattent. J'ai ouï dire qu'elles avaient guéri
des *Cancers*.

En troisième lieu, on pourrait être surpris que
je recommande les Eaux-Bonnes dans la pulmo-
nie; mais, je le répète, ce n'est qu'après des
expériences bien constatées, que j'avance des
faits importans pour l'histoire de la médecine :
certaines gens ont beau dire, qu'il n'est aucun
remède qui puisse soulager les pauvres malades
qui ont les poumons affectés; les observations
nous prouvent le contraire, non point que nous
prétendions donner pour un spécifique général
ce qui ne convient peut-être que dans certains
cas; mais qu'on s'étudie à les distinguer ces cas,
d'avec ceux qui sont absolument incurables.

Cependant la raison nous dicte que quoique

l'on suppose, il y a toujours des embarras dans
les vaisseaux, dans les glandes pulmoniques de
ceux qui ont cette maladie; souvent ce sont des
ulcères qu'il s'agit de déterger et de mener à
cicatrisation, les obstructions sont-elles indisso-
lubles dans le poûmon? Qu'a-t-il qui doive le
priver des secours reconnus pour utiles? Les
fondans conviennent dans tout embarras, dans
quelque partie qu'il se trouve, et l'on veut les
dérober au poûmon, qui saurait les employer
mieux que tout autre partie; les battemens inom-
brables, les mouvemens auxquels il est sujet,
aideraient et éguiseraient même la vertu du
remède : je ne vois dans les visceres de la poitrine que nerfs, que vaisseaux, que des pres-
soirs multipliés à l'infini; ils ne sont faits que
pour que les humeurs ne s'embarrassent point
dans leurs couloirs, et s'ils sont vaincus quelquefois par la résistance des liquides, si ceux-ci
sont grossiers et concrets, qu'y a-t-il qu'à
augmenter la force des vaisseaux qui se trouvent arrêtés par une trop forte résistance;
s'ils sont délicats ces vaisseaux, s'ils sont très-
tendres, aussi emploie-t-on des incisifs très-
légers et très-benins, qui n'agissent qu'à la
longue; les Eaux-Bonnes d'ailleurs adoucissent
les humeurs et les divisent, elles le portent vers
la peau, qui est quelquefois desséchée dans cette
maladie; elles ont une huile prodigieusement af-
finée, qui ramolit les solides mêmes, qui sont

en *Eretisme* resserrés compliqués les uns sur les autres.

Si l'on ne néglige point l'équitation si recommandée par les grands maîtres, on multiplie les secours et les trémoussemens qui viendront enfin à dégager tout ce qui est engorgé. Le petit-lait que l'on emploie souvent est trop *douceâtre*, trop aqueux, il peut nuire quelquefois en laissant prendre pied à des obstructions qui demandent quelque chose de plus actif et en dérangeant l'estomac ; le lait épaissit un peu les humeurs, et il convient toujours mieux si l'on l'éguise avec nos eaux ; c'est en faisant un mélange de lait et des Eaux-Bonnes, que l'on doit tout espérer ; c'est une méthode nouvelle qu'un grand médecin Allemand a mise en vogue; les connaisseurs la recommandent, on ne saurait assez la louer.

Il dépend d'un médecin de se servir des eaux pures ou mêlées, avec la quantité du lait qu'il juge, suivant qu'il veut plus ou moins fondre ou adoucir ; mais il ne dépend pas de lui, quelque façon de penser qu'il ait, de négliger nos eaux, qui sont admirables par tant d'endroits, surtout pour les maladies de la poitrine..... Se sent-on par exemple pris de quelque rhume ? Quatre ou cinq livres de nos eaux font expectorer une matière qu'elles mûrissent en peu de tems.... Les asthmatiques devraient en faire leur boisson ordinaire ; j'aurai occasion de le dire ailleurs.

Quatrièmement, il est des états qui sont comme un épuisement total, une chûte, un affaissement de toutes les parties qui sont à même de succomber sans le secours de l'art; ce sont des infirmités que l'on pourrait attribuer au genre nerveux : ces consomptions auxquelles les Anglais sont si sujets, ils doivent espérer infiniment des eaux qui ont un baume pénétrant, qui revifierait leurs humeurs, qui rétablirait leurs solides, en les humectant et les nourrissant, en rouvrant la plupart des petits vaisseaux, qui sont desséchés, constipés et altérés.

Je vois aussi des convalescens qui après avoir essuyé des maladies fort aigues languissent un certains temps, ils sont faibles et abatus; j'oserais avec beaucoup de précaution pourtant, leur ordonner nos Eaux, qui avec une nourriture proportionnée réveilleraient la nature engourdie, et qui paraît comme prendre haleine après un long combat; le sang apauvri a besoin de réparer la perte de ses esprits.

Ce que l'on nomme vapeurs influe dans presque toutes les maladies du sexe; ce sont des tensions dérangées, des spasmes particuliers, des convulsions qui donnent aux humeurs des mouvemens irréguliers; nos Eaux rétablissent la paix et l'équilibre nécessaire; il est facile de conclure de là, qu'elles conviennent à plusieurs maladies des femmes, qui ne sont souvent que des vapeurs, qui savent se déguiser et prendre certaines apparences qui en imposent.

Cinquièmement, je suis persuadé qu'on doit se servir des Eaux bonnes dans les palpitations de cœur, les vertiges, les surdités, les paralysies, épilepsies, et toutes les maladies qui peuvent être produites par quelque concrétion *Polypeuse*, par un sang grossier, dépourvu du véhicule nécessaire; elles corrigent les défauts des lymphes digestives : et comme elles sont quelquefois purgatives, elles emportent les mauvais fermens qui dépravent l'appétit, et qui font désirer des alimens extraordinaires; elles conviennent pour les coliques habituelles, et comme on a éprouvé leur vertu dans les rhumatismes, les douleurs et les tremblemens, je pense qu'elles seraient utiles contre la goutte, comme je le dirai ailleurs; je les emploierais dans les gangrènes et dans les grands ulcères, avec le quina, dont on a éprouvé depuis peu la vertu contre la gangrène, et que j'ai éprouvé moi-même à Pau, avec beaucoup de succès, comme tout le monde le sçait; je les couperais tantôt avec des adoucissans, tantôt avec de forts incisifs, j'en ferais la base de plusieurs tisanes, bouillons, etc. Elles conviennent dans les fièvres intermittentes, lorsqu'il est nécessaire d'employer des *martiaux;* surtout je m'en servirais avec des *febrifuges* sur des sujets qui ont les poitrines délicates. J'ai vu donner des émétiques des plus forts, dans ces cas, non par des médecins, mais par des gens qui ne savent point que ce n'est pas tout que d'étouffer

4

la fièvre ; il faut aussi connaître les effets des remèdes que l'on donne, leur façon d'agir, le corps
humain, que l'on doit, pour ainsi dire, par-
courir pour distinguer par où il pèche, et quelle
est la partie qu'il faut épargner. Nous ne nous
lasserions jamais de leur apprendre ce qu'ils doivent faire ; on ne leur demande pas même un
aveu par lequel ils croiraient perdre le titre
*d'Hommes nécessaires*, qu'ils s'imaginent leur
convenir, mais qu'ils profitent de ce qu'on leur
fait remarquer pour le bien du public.... Les
Eaux-Bonnes peuvent servir de base aux *fébrifu-
ges*, surtout dans ceux qui ont la poitrine délicate.

Enfin, Madame, je ne connais presque point
de maladie à laquelle nos Eaux ne puissent
convenir, si l'on en excepte celles où la fièvre
est si forte, qu'il est à craindre d'augmenter le
mouvement du sang, certaines maladies des femmes grosses et des hydropiques, etc. Il y a aussi
des tempéramens si chauds et si délicats, qu'on
est obligé de les préparer par des bouillons adoucissans et les bains domestiques, avant de leur
ordonner les Eaux : je parlerai ailleurs de quelques réflexions que j'ai faites sur le calcul.

Avant de finir, je crois qu'il n'est pas hors
de propos de rapporter que j'ai pensé à traiter
certaines maladies des bestiaux par le moyen de
nos eaux ; quoique je n'aie pas eu le temps de
faire les recherches nécessaires, j'ai appris que
les brebis meurent souvent avec le foie ulcéré

et rempli de petits vers qu'elles avalent avec la rosée. Je me suis imaginé que les mercuriaux donnés avec soin, et l'usage de nos Eaux, pourraient guérir ces ulcères, comme aussi ceux qui leur viennent au col et bien d'autres; mais j'ai besoin de temps pour faire des expériences ; et si l'occasion se présente, je me porterai avec zèle à des examens que je crois très-utiles et très-dignes de notre attention.

Les végétaux même pourraient se ressentir de la vertu de nos eaux et leur vertu savoneuse pourrait leur donner des usages pour les arts mécaniques, si l'on était à portée de les avoir en quantité.

J'ai l'honneur d'être , etc.

## XI.ᵉ LETTRE.

Madame ,

Quoique l'usage des eaux Bonnes me paraisse convenir à bien des gens, je ne prétens pourtant point que l'on puisse les prendre sans le conseil d'un bon médecin; si chaque malade entendant parler des vertus merveilleuses de ce

remède prétendait l'employer à sa fantaisie, il
risquerait sans doute de se trouver fort mal de
l'abus qu'il pourrait en faire : plus un remède
est simple, et plus il est facile à mettre en œuvre, plus aussi doit-il être ménagé; nous n'avons
en médecine, rien qui semble plus indifférent
qu'une saignée, ou qu'une purgation; ce n'est
pas beaucoup que de s'y résoudre, mais il faut
savoir prendre le temps convenable, c'est aux
personnes de l'art à le saisir : ce qui guérit étant
à sa place, devient un poison violent donné hors
de saison : on ne saurait assez le recommander,
pour qu'on ne se fie point à cette sorte de gens,
qui ne veulent souvent qu'employer leur adresse
ou leurs remèdes sans faire attention à ce qui
peut s'en suivre.

Quelques personnes s'imaginent que les Eaux,
comme celles dont je parle, ne sont pas salutaires
en tous les temps, c'est une erreur qu'il est bon
de détruire; il n'est point de saison où elles ne con-
servent leur vertu : elles seraient même peut-être
plus efficaces l'Hiver que l'Été, si les corps des
malades étaient bien disposés : on les emploie
quand l'occasion le requiert ; il est pourtant vrai
que si l'on peut attendre, on fait bien de choisir
le Printemps, ou l'Automne; ce sont, comme
l'on dit, *les deux saisons des eaux;* ce sont des
temps où nos humeurs sont dans cet état, qui
les rend propres à la santé : elles ont un mouvement déterminé qui n'est ni trop fougueux, ni

trop lent ; l'air qui nous environne est tempéré ;
les transpirations se font comme il faut, nos
solides ne sont ni trop tendus , ni trop relâchés
pour l'ordinaire.

On demande si l'on doit se purger avant et
après l'usage des eaux ; le médecin ordinaire doit
répondre suivant qu'il le juge à propos, et s'il
s'en trouve quelqu'un qui soit sur ce point dans
l'erreur du vulgaire, qui prétend absolument
qu'on doit prendre quelque purgation pour préparer les premières voies, ou, pour les décrasser
après l'usage des eaux, il est bon d'assurer que
l'on voit chaque jour des malades qui se trouvent à merveilles des eaux qu'ils prennent sans
aucune préparation ; le tempérament fait tout
sur cet article, comme aussi sur la quantité que
l'on doit prendre :- un chacun doit consulter son
estomac, ne pas en prendre même autant qu'il
pourrait en supporter, surtout les premiers jours ,
et évitant de tomber dans l'excès de ces miséra-
bles, qui sont persuadés que la grande quantité
leur fera grand bien.

On en prend ordinairement *cinq ou six livres*
en trois prises , c'est trop pour plusieurs, et il y
en a fort peu à qui cette dose ne suffise pas. Il
est fâcheux d'être obligé de s'arrêter à réformer
des puérilités qui font pitié ; l'un veut boire les
gobelets à nombre impair, l'autre prétend que le
nombre pair est plus salutaire ; il y en a même
qui par des superstitions outrées , prétendent cor-

riger la *crudité* de l'eau, avec certains mots bar-
bares ; on devrait corriger le peuple et l'instruire.

Tel est persuadé que l'eau ne convient que le
*matin* ; il est vrai, elle est plus active alors que
le reste de la journée ; mais faut-il pour cela
s'astreindre à n'en boire qu'à certaines heures ?
*L'eau peut convenir à toute heure avant et après*
*le repas, même en boisson ordinaire à certains*
*sujets ; on doit pour ainsi dire, boire à sa soif,*
*quand on se trouve disposé :* pourquoi gêner
trop un estomac qui s'affaiblira tôt ou tard, ou
qui viendra enfin à se révolter, si l'on ne le
ménage.

Ceux qui suent le matin ou qui regorgent quelques glaires, se privent quelquefois d'aller aux
eaux pour cette raison ; mais il ne faut pas s'arrêter pour ces accidens qui ne sont que des bé-
néfices de la nature ; elle reçoit les eaux sans peine, quand elle s'est déchargée du fardeau qui la
gênait.

Comme on boit à toute heure on peut se
baigner de même, pourvu que ce ne soit
pas dans le temps de la digestion ; mais on
doit garder un régime de vie convenable : on
doit se couvrir avec soin quelque temps qu'il
fasse, éviter les intempéries de l'air, faisant toujours attention à la coutume que l'on a prise dès
l'enfance, etc.

Surtout on doit éviter de tomber dans l'inconvénient de ceux qui quittent les Eaux précisé-

ment lorsqu'elles commencent d'agir, et qui ren-
voient, disent-ils, à la saison prochaine ; rien n'est
plus bizarre que d'exiger un trop prompt soulagement, d'un rémède qui n'agit quelquefois qu'im-
perceptiblement ; il faut insister ne pas régler
son temps selon son opinion ; la plupart des personnes du vulgaire vont aux eaux pour *neuf
jours*, pour la *neuvaine*, disent-ils ; il n'est rien
de plus mal entendu, et il est honteux que certains médecins donnent lieu à ces erreurs, soit
qu'ils veuillent en imposer, soit qu'ils croient
que le même rémède agit en temps égaux, sur
tant et tant de différens sujets.

Enfin, Madame, il n'est pas possible de donner sur tous les points dont je viens de parler,
une règle qui convienne à tout le monde, chacun
doit s'en raporter à un bon médecin, et ne point
se diriger par des bruits populaires, souvent fondés sur l'erreur, ou déguisés par ce que chacun y
ajoute.

Il est une chose dont tous les physiciens conviennent, et qui paraît bien naturrelle ; c'est que
l'on doit autant qu'il se peut, prendre les Eaux
minérales à leur source ; si l'on est obligé de les
faire transporter, on doit s'assurer du porteur,
les faire voiturer pendant la nuit, avoir des vaisseaux qui n'aient jamais servi que pour cet usage, et quand on les prend les *faire chauffer au
bain-marie*, ou *en faire bouillir une certaine
quantité, et avec celle-ci échauffer la dose que*

*l'on veut avaler.* Le transport, la chaleur du jour,
l'air, le feu, tout épuise les esprits volatils des
eaux qui perdent continuellement : on ne doit
pas être surpris de ne point les trouver comme à
la source, quand on les a transportées ; il n'est
rien de si avantageux que de les prendre sur
le lieu.

Mais il est fâcheux de ne point y trouver quelque logement convenable ; c'est une pitié que de
voir des malades si mal à leur aise, dans un endroit où ils seraient heureux, s'ils y trouvaient
les commodités les plus ordinaires de la vie ; ils
demandent tous qu'on leur rende au moins habi-
table un lieu, où ils sont obligés d'aller chercher
leur guérison à grands frais ; on sait combien
vous vous intéressez pour le bien public, on espère que vous voudrez joindre vos représenta-
tions aux prières des particuliers, et faire sentir
dans l'occasion, combien il est nécessaire que l'on
ne néglige point ce qui procurerait tant de bien
à la province.

Permettez moi aussi de vous faire remarquer
que l'on gâte la plupart des eaux par les travaux
qu'on y fait : j'aurai lieu de vous prouver dans
les suites que j'ai raison d'avancer ceci : je ne
serais point d'avis que l'on touchât aux Fontaines
principales. On entend l'eau dans plusieurs fentes
des rochers, c'est là que l'on devrait creuser des
bains, laissant toujours les fontaines dans leur état.

Pourrait-on assez ménager cette eau, que nos

ncêtres ont appelée *Bonne* par excellence? Son
érite est si généralement éprouvé, qu'il n'est
point de particulier qui ne la connaisse; chacun
aime à savoir un nombre de cas où elle a réussi,
chacun les compte, c'est une tradition qui se
se perpétue; il est aussi des personnes qui en
ont toujours leur provision; ils se passeraient
plutôt d'autre chose que des eaux Bonnes, de
sorte que l'on en trouve, surtout *à Pau*, en
quelque temps que l'on en veuille : on se les
prête, les uns aux autres; mais on a grande
attention de les faire rendre; on ne saurait se
passer long-temps d'un bien si précieux; il mérite sans doute qu'on le conserve avec soin.

J'ai l'honneur d'être, ect.

# XII.<sup>e</sup> LETTRE.

MADAME,

Après avoir parlé des *eaux Bonnes*, permettez-
moi de vous parler des *eaux Chaudes*, qui sont
ausssi dans notre vallée d'*Ossau (Aïgues Caüdes)*;
elles sont, comme vous savez, à une petite lieue

d'un grand et beau village nommé *Laruns*, à qui elles appartiennent.

Le vallon où l'on les trouve est un bassin parfait, entouré des plus hautes montagnes, qu'on ne croirait pas pouvoir traverser; il faut pourtant monter jusqu'au haut de celle qui est du côté de France, et qui fait trembler les plus hardis, surtout, dans l'endroit nommé *Hourat* ou *Trou*, qui est précisément sur le sommet, et que l'on a ainsi nommé, sans doute, pour exprimer combien le lieu est affreux.

Il semble effectivement que tout concoure à le rendre tel ; les précipices immenses que vous ne voyez qu'à demi, le bruit sourd des eaux du *Gave*, que vous entendez comme au centre de la terre, et qui paraissaient creuser la montagne et la secouer par les fondemens, le peu de terrain que vous avez pour vous remuer, tout vous fait rentrer en vous-même et vous saisit.

On trouve sur un marbre des inscriptions qui font mieux comprendre, ce que je ne puis exprimer; elles sont en latin, je tâcherai de les rendre en Français le mieux que je pourrai, et je copierai la Traduction en vers qu'en avait faite dans un *Poëme sur les Eaux-Chaudes*, feu M. de Sudre père, un de nos plus grands médecins, et dont le nom est respectable.

SISTE VIATOR.

*Mirare quæ non vides, et vide quæ mireris saxa sumus, et saxa loquimur, esse dedit natura, loqui Catharina. Catharinam hæc ipsa quæ legis intuentem vidimus, Catharinam loquentem audivimus, Catharinam insedentem sustinuimus: felicia saxa, viator quæ illam sine oculis vidimus, felicem te qui cum oculis non videris, nos viventia quæ antea eramus mortua, tu viator, qui vivebas factus fuisses saxum. Catharinæ, Francorum Navarreorum Principi hac iter facienti Musæ virgines, virgini, posuere, ann. MDXCI.*

ARRÊTE-TOI PASSANT.

Admire ce que tu ne vois pas et regarde des choses que tu dois admirer ; nous ne sommes que des rochers, et cependant nous parlons ; la nature nous a donné l'être, et la Princesse Catherine nous a fait parler ; nous l'avons vue lisant ce que tu lis ; nous avons ouï ce qu'elle disait ; nous l'avons soutenue. Ne sommes-nous pas heureux, Passant, de l'avoir vue, quoique nous n'ayons point des yeux ? Heureux toi-même de ne l'avoir pas vue ! Nous étions morts et nous avons été animés. Toi, Voyageur, tu serais devenu pierre. Les Muses ont érigé ce monument à Catherine, Princesse des Français Navarrais, qui passait ici, l'an 1591.

Voici les vers de M. de *Sudre* ; il n'en est aucun qui ne fasse connaître la bonne volonté et le travail de l'Auteur :

Passant, qui que tu sois, arrête ici tes pas,
Admire, en cet endroit, ce que tu n'y vois pas,
Et regarde en ce lieu, qui s'offre à ton passage,
Ce que tu dois encore admirer davantage ;
Le Ciel qui règle tout par des secrètes lois ;
Se plût, en nous formant, à nous ôter la voix ;
Mais devant aujourd'hui parler de Catherine,
Nous sommes animés d'une force divine ;
La Princesse autrefois daigna jeter les yeux
Sur tout ce que tu vois éclater en ces lieux,
Et le Ciel, qui pour nous a fait tant de merveilles,
Fit retentir sa voix jusques à nos oreilles ;

Ce ne fut point assez de la voir, de l'ouir,
Il falut en sa marche encore la soutenir.

Ce bonheur signalé, cette grande fortune,
Avec d'autres Rochers, ne nous est point commune ;
Nous avons du destin obtenu le pouvoir,
Sans oreilles, sans yeux, de l'entendre et la voir ;
Quelle gloire pour nous, et quel bonheur extrême,
Mais aussi d'autre part, quel bonheur pour toi-même,
Quand le Ciel qui t'orna de l'usage des sens,
Te voulut dérober à ses charmes puissans ;
Rochers morts, ses attraits nous donnèrent la vie ;
Au contraire, Passant, ils te l'auraient ravie ;
Et si cette Princesse eût voulu t'approcher,
On t'aurait vu d'abord te changer en rocher ;
Pour avoir comme nous la gloire et l'avantage,
De lui rendre service en ce brillant passage.

Le temps avait détruit la première inscription, et on y mit, en la réparant, celle que l'on y lit la première, et qui est la suivante :

AVE QUISQUIS ITER
HAC HABES.

DIEU TE GARDE
PASSANT.

*Quod vides perierat, sed interitus vitam peperit ; ne indigneris vetustati quæ Catharinæ Principis Monumentum destruxit, nam temporis emendavit injuriam cum hoc marmor restituendum curavit Joannes Gassionus sacri consistorii consil ordin. in supremo Navarræ Senatu præses, et in Navarra Bencarnid, Boüs, tarbellis Viterigz, Regis. Dominio, justitiæ politiæ, et ærarii summa jure præfectus, ann. MDCXLVI.*

Ce que tu vois avait péri ; mais la mort l'a fait renaître ; ne te plains pas de la vetusté qui a détruit le monument de la Princesse Catherine, car l'injure du temps a été réparée quand ce marbre a été rétabli par les soins de Messire Jean de Gassion, conseiller-d'état, président au Parlement de Navarre, et intendant général du domaine du Roi, de la justice, police et finances, dans la Navarre, le Béarn, la Chalosse, la Bigorre et le Vicbil, l'an 1646.

Sur ce marbre, Passant, ce que tu vois tracé,
Par un aveugle sort fut enfin effacé ;
Mais le même destin qui le fit disparaître,
A bien su le secret de le faire renaître ;
Ce monument, malgré l'injustice du sort,
Trouve une heureuse vie en ce qui fit sa mort.
Passant ne te plains point contre cette vieillesse,
Qui peut, en le brisant, outrager la Princesse ;
On le voit aujourd'hui dans sa perfection,
Mais on en doit la gloire à Jean de Gassion,
Qui, par cette nouvelle et superbe structure,
Des siècles inconstans sut réparer l'injure ;
Il était Président ; dans cet illustre emploi,
Il parut si zélé, si fidèle à son Roi,
Que ce Prince, admirant sa grande vigilance,
Lui donna du Pays la suprême Intendance.

On descend de cette hauteur, par des escaliers qui vont en serpentant, et qui sont presque tous creusés dans le roc ; après plusieurs contours, croyant arriver au fonds, on se trouve encore sur la croupe d'une montagne au pied de laquelle est le *Gave*, dont les flots font tant de bruit, que l'on a peine à s'entendre ; cependant on côtoye cette montagne, on suit un petit seutier où les chevaux ne passent qu'avec peine, et où deux personnes ne peuvent presque pas passer de front ; on profite de temps en temps d'un petit mur que l'on a bâti du côté du Gave, que l'on traverse enfin pour arriver au lieu des eaux, où il faut tout faire porter, lits et vivres ; à peine vous fournit-on le bois, qui ne devrait pas manquer ce semble.

Les gens de Laruns sont accusés de vouloir trop gagner, ils font souhaiter un réglement là-dessus ; les femmes servent encore plus que les hommes, elles emportent sur le col tous les malades qui se présentent ; elles courent d'une vitesse prodigieuse, et sans rien craindre, dans ces endroits dont nous avons parlé, tant il est vrai que l'habitude rend tout aisé.

Il fait beau voir nos *Ossalaises* dans ces lieux sauvages ; elles sont grandes, bien faites ; leur habit se ressent encore de la simplicité de nos pères ; elles ne sont pas sujettes au changement des modes ; elles sont mises aussi à l'ancienne que les habitans d'*Ossun*, qui portent la livrée de M. le marquis d'*Ossun*, votre frère, et sous ces haillons, leurs phyisonomies, quoique sauvages, et un peu farouches, comme celles des *Ossalois*, plaisent cependant ; on y découvre un air d'esprit et de bon sens, que l'on trouve encore dans leur façon de raisonner et de s'exprimer ; surtout leur santé à l'épreuve, fait trouver leur état préférable à celui des habitans les plus aisés des villes : ces gens sont la véritable image de nos anciens Béarnais.

J'ai l'honneur d'être, etc.

# XIII.ᵉ LETTRE.

MADAME,

Les Fontaines qui sont actuellement aux Eaux-Chaudes sont *l'Esquirette*, la *Houn deü Rey* et celle de *Larressec*; on voit aussi des filets d'eau minérale qui serpentent le long des rochers les plus voisins des Cabanes, ce qui fait soupçonner qu'il y a encore quelque source, que l'on pourra découvrir dans les suites.

L'eau de la première que l'on rencontre d'abord en venant de France est abondante, plus chaude et moins huileuse que les Eaux-Bonnes : elle charrie pourtant des glaires souffrées, comme de la graisse prise; elle sent fort le souffre et noircit l'argent; elle a le goût d'un œuf couvé et cuit, l'on y trouve même comme un petit goût de sel, qui, quoique douçâtre, a pourtant un montant piquant; elle laisse la langue un peu sèche; elle noircit mêlée à l'infusion de noix de gâle qu'elle change d'abord en rouge brun : elle fait le même effet avec l'infusion de bon thé et celle des feuilles de chêne; elle m'a paru faire quelque petit mouvement étant mêlée à l'esprit de nitre et au vin; mais ce n'était peut-être que ces bullules qui vont et viennent et crèvent enfin sur la surface dans un verre plein de cette eau, au moment qu'on la prend à sa source, et qui donnent un joli spectacle quand on remplit une bouteille bien transparente que l'on secoue.

Surtout, il faut ne pas oublier, cette subtile vapeur qui s'envole si vite, que l'on sent à une certaine distance, et que les bons buveurs ne laissent point échapper, ayant soin de faire leur *boitte*, comme l'on dit, sans rien perdre, et humant cet esprit qu'ils croient à bon droit fort efficace, mais qui saisit quelquefois en montant à la tète, et énivrent certaines gens ; enfin cette Eau laisse après l'évaporation des cristaux informes, d'un sel un peu piquant, qui ne donne pourtant pas des marques d'acidité ni d'alkalinité, et qui laisse lui-même étant décomposé un résidu terrestre.

L'eau des autres sources soumise aux mêmes épreuves m'a donné les mêmes effets; elles paraissent égales à peu de chose près; seulement il faut remarquer, que celle du *Roi* est plus chaude et plus huileuse; celle de *Larressec* est beaucoup plus froide, elle paraît plus pesante, plus *flasque* au goût et moins active, ce qui vient peut-être des eaux pluviales, que je crois se mêler avec la minérale : M. de *Bergerou* et *mon père* l'ont voulue appeler la Fontaine de *Salut*; j'aurai lieu de remarquer que ce nom ne lui conient nullement, et que cette observation n'est pas indifférente.

Il est aisé de conclure que le souffre et le fer sont les minéraux dominans dans ces eaux; il y a aussi du vitriol peut être, et cette espèce de sel qu'il est si difficile de définir, entre dans la composition de ce mixte, dont l'huile étérée fait une des parties essentielles.

Quant à la proportion de toutes ces parties, il ne nous est pas donné de la connaître, ni dans ces eaux, ni dans toutes les autres; il le faudrait pourtant pour pouvoir assurer quelque chose; cela serait fort beau sans doute et peut-être utile; mais je ne sais point si quelque chimiste que ce soit, se mettra jamais dans l'esprit d'entreprendre une recherche si pénible, et qui pourrait être infructueuse.

Je ne dis point qu'il soit impossible, de parvenir à cette connaissance, qui aurait pensé autrefois, que l'on viendrait un jour à diviser un rayon de lumière et à *l'anatomiser* pour ainsi dire; on le fait pourtant aujourd'hui, on en est redevable à M. *Newton*; peut-être faudrait-il plus que son adresse pour diviser nos Eaux, comme je le disais.

Attendons quelque homme heureux qui nous instruira et qui nous aprendra aussi, si, comme quelques médecins le prétendent, il y a du *Mer-cure* dans nos Eaux; j'avoue pour moi, que je n'ai rien qui me fixe là-dessus; je sais qu'il y a de grands hommes qui croient que jamais une Eau minérale ne peut charrier du *Mercure*; mais je sais d'ailleurs que l'on fait bouillir tous les jours du *vif argent* dans de l'eau contre les vers; qui nous a dit que cette eau n'emporte point des parties de ce minéral ?

La nature a de grandes ressources, il faut l'avouer; on doit être bien sur ses gardes, lorsqu'on veut lui prescrire des bornes; et en vérité je ne suis point surpris qu'on accuse certains savans d'être crédules jusqu'à l'enfantillage; ils sont accoutumés à voir tant de choses extraordinaires, qu'ils s'attendent à tout : leur grand savoir les met presque de niveau avec le vulgaire; *ils sont au-delà de la science, tandis que le peuple est au-deçà, quel avantage !* Ainsi s'exprimait à peu près *Michel de Montaigne*.

Ne vous étonnez point, s'il vous plaît, que j'ose citer *Montaigne* le causeur, le calomniateur si ennemi des médecins; je déclare à tous mes confrères, que je sais lui garder la dent de lait que nous avons pour ses pareils; mais enfin il n'était pas lui-même ennemi des Eaux minérales; il leur faisait la grâce d'avouer qu'elles avaient bien des vertus; ceci me mène à parler de celles des Eaux-Chaudes, je le ferai dans ma suivante.

J'ai l'honneur d'être, etc.

# XIV.ᵉ LETTRE.

MADAME,

Nos historiens, MM. *d'Hologaray* et de *Marca*, parlent des usages des *Eaux-Chaudes* que les médecins, disent-ils, recommandaient de leurs temps, surtout pour les *intempéries* du *foye* et de la *ratte*, etc. Il est même un de ces Messieurs qui dit, si je ne me trompe, qu'elles agissent par *antiperistase*.

Les mêmes vertus subsistent aujourd'hui, nous les ordonnons dans les mêmes cas, mais nous nous nous expliquons autrement; la mode a un peu changé notre façon d'énoncer nos idées; ce n'est plus l'*atrebile*, la *mélancolie* et la *pituite* que nous combattons, mais c'est un *sang concret* ou *divisé*, une *lymphe coënuse* ou *salée* des *solides relâchés*, ou *trop tendus*, des *saburres*, des *levains*, etc. Tout vient presque au même, la médecine a quitté ses vieux *haillons* et son ancienne rudesse, aujourd'hui elle se présente plus galamment, et à la *Française*; autrefois elle était toute *Grecque*, toute *Arabe*, sans ce *fard brillant* qui ne laisse pas que d'être à la mode, depuis que de grands hommes nous ont mis dans le goût des *périodes pincées* et des *jolis riens.*

Oui Madame, nous nous servons de ces Eaux comme on s'en servait il y a deux ou trois cents ans, contre les *obstructions* du foie, contre celles de la ratte, et celles des autres parties.

On ne voit aux Eaux que des Filles qui ont les pâles couleurs, qui ont le sang dérangé, qui sont *vaporeuses, cacochimiques,* et qui ont l'estomac aussi bizarre que leurs idées extraordinaires; elles se trouvent très-bien de ce remède qui embaume leur sang, et qui en adoucit la fougue, en rétablissant l'équilibre, et distribuant la chaleur et la vivacité dans tout le corps, comme il est nécessaire, en reprenant la nature qui ne paraît occupée qu'à animer de plus en plus certaines parties, tandis qu'elle en laisse tomber d'autres dans un relâchement presque total; elle est quinteuse, quelquefois, cette nature, mais nous la bridons avec les Eaux-Chaudes.

Elles passent pour spécifiques, contre toute sorte de maux à la tête invétérés; pour les migraines, les vertiges, et les éblouissemens.

Elles réussissent presque toujours dans les asthmes humides, si l'on a soin de les prendre long-tems, et fort doucement, en ménageant fort les doses.

Elles sont bonnes pour les maux d'estomac, pour les coliques, et les diarrhées invétérées : elles rétablissent l'appétit dérangé, elles sont

diuretiques et conviennent dans certains relâchemens des reins, dans des pesanteurs, qu'indiquent
des vaisseaux embarrassés, mous et affaissés.

On les emploie en bain , comme en boisson ,
en demi bain, en douche, pour les grands maux
à la tête , pour les maux aux yeux, aux oreilles,
et pour les maux aux dents, qu'elles tempèrent
quelque fois miraculeusement.

Il y a un bain à l'*Esquirette*, et un autre à la
*Fontaine du Roi*, je suis surpris qu'on n'en aie
pas bâti un , à celle de *Larressec;* quoique cette
eau ne me paraisse pas bien pure, elle conviendrait à bien des personnes, qui ne sauraient
résister à la chaleur des deux autres, qui est si
insuportable à certaines gens, qu'ils sont obligés
de tenir les bains ouverts, de peur d'étouffer et
pour les laisser refroidir, comme il convient
effectivement quelquefois.

On se baigne pour les paralysies de toute espèce, soit qu'elles viennent d'un relâchement,
soit qu'elles viennent de convulsions, pour les
tremblemens, les engourdissemens et les pesanteurs qui annoncent souvent quelque chose de
plus fâcheux; on a soin de ne point prendre
l'air après le bain, on se met au lit, mais cela
n'est pas toujours nécessaire, pourvu qu'on se
couvre bien.

Le peuple croit, je ne sais sur quel fondement, que les Eaux-Chaudes ne conviennent pas
pour les rhumatismes, mais on se trompe gros-

sièrement, j'y ai trouvé des gens qui avaient des douleurs, et qui s'en trouvaient très-bien; j'y ai envoyé une femme qui avait tout le corps pris, et qu'on ne pouvait remuer qu'elle ne fût aux hauts cris; elle se baigna, et au troisième bain, une sueur étant survenue, elle fut guérie.

On les emploie contre les tumeurs aux articulations, qui sont comme des *bouffissures*, des arrêts d'un liquide embourbé, que les eaux réveillent; elles réussissent quelquefois dans les ulcères et dans les dartres; on s'en sert pour tous ceux dont la transpiration est désagréable et répand une mauvaise odeur.

Mon Père a vu un Espagnol qui crachait le sang et le pus, avec fièvre, maigreur, enflures et tous les autres symptômes qui paraissaient annoncer la mort prochaine; il lui conseilla de ne point user des Eaux-Chaudes; le malade voulut suivre sa première idée; il s'en gorgea; il s'affaiblit; les forces diminuaient; on craignait chaque jour qu'il ne succombât; enfin les crachats diminuèrent; ils devinrent plus louables; le malade reprit des forces et se retira très-bien guéri. Je ne conseillerais pourtant pas aux pulmoniques d'user de ces eaux; il s'est pu trouver une disposition particulière des liqueurs pâteuses, des solides relâchés que les eaux ont mis à leur ton, mais le cas est rare.

Cependant je crois qu'on le trouverait plus communément dans nos Provinces qu'ailleurs;

nous respirons un air qui coagule nos humeurs ;
nous nous servons d'alimens assez grossiers, et
la plupart de nos maladies viennent d'un épaississement ; il faut presque toujours secouer nos
malades ; ce sont des tumeurs que l'on appelle
froides ; des relachemens dans des solides d'ailleurs vigoureux ; il faut les tendre et les dessécher ; nos eaux sont excellentes pour remplir ces
indications ; elles sont utiles surtout pour le
Peuple.

Elles sont plus fortes, plus fougueuses, moins
traitables que les Eaux-Bonnes, surtout pour
les tempéramens délicats ; quoiqu'elles soient de
la même espèce, leurs minéraux ne sont pas si
affinés, leur huile n'est pas si bien mêlée avec
la partie aqueuse ; c'est aux médecins prudens,
à faire des observations là-dessus, et à distinguer les cas.

On a quelquefois coutume quand on va les
prendre, de commencer par boire quelques jours
celles de *Larressec* ; on prétend même qu'elle est
purgative, plus que les deux autres qui le sont
aussi quelquefois, mais je ne sache point que
cette dernière idée soit fondée.

Je serais d'avis que l'on prit le matin l'eau
du *Rey* ou de *l'Esquirette*, et que l'on usât le
reste de la journée de celle de *Larressec* en boisson ordinaire.

Il faut pourtant avouer que l'on a toujours
raison d'aller en tatonant, *de la moins active à*

*la plus forte ;* il n'y a point de méthode plus
sûre ; on doit tâcher de le persuader à tant de
gens qui se les ordonnent eux-mêmes et qui les
prennent de leur propre autorité ; les médecins
peuvent avoir d'autres règles, mais ils ne sont
pas toujours consultés.

J'ai l'honneur d'être, etc.

## XV.ᵉ LETTRE.

MADAME,

Un plaisant me disait un jour que les Eaux-
Chaudes ressemblent un peu aux *Béarnais ;* ils
ne sauraient vivre hors de chez eux ; de même
ces eaux ne souffrent point le transport ; elles
perdent sans comparaison plus que les Eaux-
Bonnes ; on est obligé de renouveler souvent sa
provision ; cependant MM. de *Larrabère* et de
*Baylac,* célèbres médecins d'*Oloron,* s'en servent assez souvent à quatre lieues des sources.

Quand on en fait porter, outre les précautions
dont j'ai parlé *(Lettre* XI *),* il est encore bon de
faire tremper long-temps ce que l'on veut remplir, cela paraît naturel ; j'ai vu des physiciens
qui transportaient des bouteilles de vapeurs qu'ils

avaient prises dans certains puits; à plus forte raison l'huile et les esprits de l'eau peuvent-ils se renfermer, et s'unir aux parois des vaisseaux dont on se sert, qui sont toujours meilleurs de verre, pourvu qu'ils n'aient jamais servi, surtout pour le vin, et que l'on ait soin de ne pas les remplir totalement; ils casseraient sans cette dernière précaution, que j'ai indiquée dans ma sixième *Lettre*.

On a coutume quelquefois, quand on veut avoir les Eaux bien naturelles et le plus parfaites qu'il se peut, de mêler dans les bouteilles ou barils des glaires que l'eau charrie; je ne sais pas bien si cette façon de procéder est fondée; je sais seulement que j'ai observé que quand il reste quelque corps étranger dans un vaisseau, le souffre de l'eau s'amoncelle sur ce corps, ne fut-ce qu'un fétu, l'eau se décompose plus vite, elle perd son goût et sa saveur; je craindrais que les glaires ne fissent peut être le même effet.

Je voudrais donc plutôt que l'on emportât l'Eau comme elle coule de la Fontaine. Pour ce qui est des glaires, il est bon de les ramasser, elles servent pour des ulcères et pour des tumeurs mieux que quelque beaume que ce soit; il me souvient même d'avoir ouï dire à quelqu'un qu'il en faisait une eau minérale excellente en les délayant dans une certaine quantité d'eau commune ferrée, mais j'ose en douter, d'autant mieux que je suis persuadé que ce qui fait l'ac-

tivité de l'eau minérale, est surtout cet esprit
volatil que l'on ne peut jamais ravoir quand il
s'est évaporé; il serait pourtant bien gracieux
de trouver une méthode pour revivifier les eaux
minérales; les artistes en font une certaine espèce; peut-être pourra-t-on parvenir à perfection-
ner cette opération ?

On se sert du résidu que laissent les eaux
après l'évaporation pour des tumeurs et des ulcères trop humides; on vante assez l'eau distillée,
pour adoucir la peau et pour les tâches.

Certaines gens boivent les eaux en se baignant,
ils prétendent que de cette façon l'eau passe mieux;
je ne les condamne ni ne les aprouve.

Les uns dorment après avoir pris les eaux,
les autres promènent; il est impossible presque
de décider quels sont les mieux fondés.

Mais on veut savoir l'avis d'un médecin ; s'il
est prudent, il doit ce me semble, faire attention
à l'habitude d'un chacun; pourquoi priver, par
exemple, les Espagnols qui viennent aux eaux
du plaisir de faire la *Siesta ?*

Il est des médecins qui ne sont point en ceci
de mon sentiment; ils donnent des lois qu'ils
veulent qu'on observe ; ils sont heureux de se
persuader facilement qu'ils ont raison : pour moi
je regarde toutes ces choses comme des inutilités
dans certains cas; c'est vouloir en imposer un peu;
c'est taxer selon son caprice ce que peut digérer
un estomac, ce que le tempérament peut soute-

nir, c'est comme on le fait dans bien des endroits, étaler pompeusement une belle montre
d'or, et compter gravement les secondes et les
tierces que l'on doit rester dans le bain; c'est
eu un mot se moquer : un simple Baigneur ins-
truit pour l'ordinaire assez les malades là-dessus,
*trois-quarts d'heure*, *une heure*, *une heure et
demie* sont le temps que l'on reste au bain; on
y demeure moins les premiers jours, surtout si
l'on s'aperçoit de quelque altération fâcheuse,
mais on ue se rébute point.

Je sais pourtant qu'il est des cas où l'on a besoin du médecin; plus le malade est d'un tempérament délicat; chaud et vif, et plus il a
besoin d'être menagé; on laisse prendre plus
d'eau, on laisse plus long-temps dans le bain,
les gens robustes, et ceux dont le sang est lent
et visqueux; cela est clair, mais encore un coup,
on a quelquefois besoin de prendre bien de précautions.

Outre la méthode dont j'ai parlé ( *Lettre* XI.ᵉ ),
pour échauffer les eaux, j'en ai fait pratiquer
une autre; je faisais rougir au feu un morceau
de fer que j'éteignais dans l'eau que l'on buvait,
j'ai trouvé des gens qui aimaient mieux la boisson
ainsi préparée, et qui perdait pour eux le goût do-
minant du souffre, qui leur paraissait horrible.

Mais j'ai toujours eu un doute sur cet article,
que bien des personnes intelligentes n'ont pu
m'éclaircir : quand on prend les eaux chez soi,

faut-il leur donner le même degré de chaleur
qu'elles avaient à la fontaine ? Telle eau qui ne
brûle point à la source, brûlerait peut-être échauf-
fée artificiellement au même degré... ce sont là
toujours ces feux de différentes espèces qui me
reviennent. ( *Voyez Lettre* VI.e ).

S'il était possible, je serais presque d'avis que
l'on prît les eaux minérales, froides, comme on
les reçoit chez soi. J'ai vu des gens qui les dige-
raient fort bien en les buvant ainsi, et je me
méfie de notre feu artificiel, qui me paraît tout
bouleverser dans un mixte doux, dont les principes sont si bien liés, que la terre a tant porté,
tant *élaboré*, tant *vivifié*, dans son sein ; le vin
nouveau cuit perd sa sève, son action, sa vivacité ; je crains ce malheur pour nos eaux, toutes les fois que je les vois sur quelque fourneau ;
sans contredit, au moins, la meilleure façon est
de les prendre à la source. ( *Lettre* XI.e )

On fait quelquefois faire le pain avec l'eau minérale, on s'en sert pour y cuire sa viande,
et même il est des convalescens qui font faire le
café avec cette eau : tous ces composés ne sont
pas délicats au goût, assurément, mais ce sont
des gourmandises de malades, qui aiment toujours que les remèdes sentent un peu la vo-
lupté ; l'usage du café n'est point incompatible
avec celui des eaux, je l'ai vu prendre avec
succès à des personnes qui, sans cette précaution,
auraient regorgé l'eau minérale.

Ceux qui prennent souvent des lavemens d'eau
minérale doivent bien prendre garde de donner
dans l'excès ; on rend les lavemens purgatifs en y
dissolvant quelque prise de sels avec lesquels on
se purge communément, comme le sel d'*Epson*,
le sel *Policreste*, et le sel de *Toulouse*, etc., auxquels les médecins seraient d'avis que l'on subs-
tituât ou la *Manne*, ou la *Rhubarbe* : on peut
craindre des effets fâcheux de l'usage des sels.

Quelquefois on fait prendre certains *Bolus* pour
aider les Eaux, et l'on y dispose par l'usage des
bouillons adoucissans ou apéritifs.

Il y a des *Docteurs* qui ne veulent pas absolument que, comme je l'ai dit (*Lettre* XI.<sup>e</sup>), certaines gens puissent prendre les eaux qui ne sont
pas purgatives en *boisson ordinaire*, surtout *pendant le repas ;* la digestion serait troublée, disent-ils, tout serait bouleversé ; mais je l'assure
hautement, j'ai pour moi l'*expérience*, on le fait
souvent ailleurs, surtout en Allemagne ; je l'ai
vu pratiquer, je l'ai fait pratiquer, et je l'ai pra-
tiqué moi-même sans le moindre dérangement ;
ainsi je persiste dans mon idée, qu'il me serait
facile d'appuyer par bien des raisons.

Je voudrais qu'un chacun éprouvât cette méthode, elle est simple et naturelle : j'ai vu des
*gens* qui mettaient un peu de *vin* avec l'eau,
ils ne s'en trouvaient point mal. Quoique ceci
soit contre l'usage le plus communément reçu,
qu'importe, il ne faut que vouloir, il n'y a pas

de l'irrégularité à s'écarter des Anciens, quand nous rencontrons évidemment mieux qu'eux : leur façon de prendre les eaux est assomante pour certains estomacs ; on est quelquefois forcé de les quitter pour ne pouvoir point les prendre *à la mode*, *à gobelets*, *à pas comptés* : combien de gens n'y a-t-il pas qui vomissent l'eau le matin, et je crois que presque tout le monde s'en trouverait bien en suivant la méthode que je recommande.

Je n'ignore pas qu'il y a des exceptions à faire, il n'est point de règle absolument générale, le temps, la maladie, tout doit arrêter ; mais n'y a-t-il qu'une bonne voie ? ou faut-il que la *forfanterie*, ou la superstition entre partout ?

J'ai l'honneur d'être, etc.

## XVI.ᵉ LETTRE.

MADAME,

Avant de quitter la vallée d'Ossau, il est à propos de faire un court détail de certaines particularités qu'on y trouve ; cela pourra servir aux étrangers qui viennent prendre nos eaux, il est bon qu'ils soient avertis.

En premier lieu, ils doivent s'accoutumer au tonnerre qui est assez fréquent et qui fait un tapage horrible; les échos multipliés servent à augmenter et à redoubler les coups; tout tremble quelquefois, la terre paraît se fendre et les rochers crouler; il n'arrive pourtant certains malheurs que très-rarement et pas plus souvent qu'ailleurs; on en est quitte pour la peur et l'on se fait au bruit en peu de temps; mais si l'on est épouvanté des éclats du tonnerre, on est bien agréablement surpris de le voir se former, il n'est personne qui pendant les jours les plus sereins, ne sache bientôt le prédire; on le voit comme une vraie fumée sortir de certains petits trous des montagnes, il forme de petits nuages qui augmentent de plus en plus. Les éclairs commencent à paraître et le bruit succède: cette fumée, ces vapeurs souterraines, font l'orage que l'on entend quelquefois gronder sous ses pieds; je laisse chercher aux physiciens la cause de tous ces phénomènes; ce n'est pas ici le lieu de placer des explications, il faut supposer que l'on sait là-dessus quelque chose de satisfaisant.

En second lieu, on voit aux Eaux-Chaudes d'autres phénomènes que les ignorans attribuent toujours à quelque enchantement; le peuple crie: voici pourtant ce que c'est; ce sont de petits feux folets qui voltigent vers les fontaines, des éclairs que l'on voit la nuit et qui ne sont autre chose que le bitume et le souffre des eaux qui prennent feu ; j'ai toujours cru qu'il était à propos de ne point laisser ignorer des faits semblables au vulgaire le plus grossier. Un homme qui a quelque amour pour la vérité, ne doit pas laisser passer une occasion de combattre des préjugés que l'ignorance a fait naître et qu'elle fomente. Les sciences aiment à faire des conquêtes ; mais elles ne veulent des sujets que pour les délivrer de la tyrannie de l'erreur.

Troisièmement, on voit aux Eaux chaudes un nombre prodigieux de serpens quelquefois d'une grosseur énorme, ce sont des vraies couleuvres, ils entrent par tout, ils pénètrent jusques aux appartemens les plus retirés; ils dévorent les provisions, mais ils ne font jamais du mal; il est inouï qu'ils en aient fait à quelqu'un, on a beau dire, certaines gens voient ces animaux avec horreur, mais on ne doit rien craindre; c'est un fait connu de tout le monde; d'ailleurs tous les serpens ne sont point venimeux, comme on se l'imagine; il n'y a que la vipère qui le soit. Il y a en Provence des eaux où il y a aussi de ces serpens; on en voit, dit-on, moins aux Eaux-Chaudes depuis que certains trous, d'où ils sortaient en foule, sont bouchés; mais il y en a toujours; je n'ai pas eu le tems de faire sur ce point les recherches que j'aurais voulu.

On compte mille histoires comiques sur ces animaux; le peuple les croit enchantés par une ancienne magicienne, on parle de plusieurs per-

sonnes du sexe qui en ont trouvé dans leurs
lits; on se souvient aussi d'une pauvre fille qui
avait le timbre un peu fêlé et qui s'imagina,
en ayant senti un qui s'entortillait à sa jambe,
qu'elle était tentée; elle faisait un vacarme étonnant, elle implorait tout secours; on eût toutes
les peines du monde à la convaincre qu'elle
n'était pas la seule ou la première femme; elle
regardait tous les assistans comme des animaux
à son service, et le serpent comme un ennemi
fort à craindre; on ne dit pas si les eaux guérirent
le dérangement de son cerveau, je ne sçais qu'en
croire; mais n'était-elle pas à plaindre? ce n'était
peut-être que quelqu'une de ses fibres plus ou
moins tendues; le plus petit changement nous
fait extravaguer.

En quatrième lieu, les curieux vont tous voir
ce que l'on nomme l'*Espalungue* ou la Grotte :
c'est une montagne percée; le trou a plus de
cinquante ou soixante pieds de hauteur et autant
de largeur; on s'enfonce dans la grotte qui va
un peu en serpentant et qui a plus de trente
toises de longueur; on a soin de brûler des tor-
ches pour y voir et par ce moyen on aperçoit
les ouvrages du monde les plus beaux; ce ne
sont que colonnes, sculptures et voûtes superbes;
il n'est point d'ordre d'architecture que la nature
n'ait employé, corniches, frontispices, trumaux,
tableaux, tout s'y trouve; le vulgaire y aperçoit
le cheval du Grand *Roland*, la cuisine de ce hé-

ros, ses armes, etc.; le pavé ne paraît pas moins
enchanté; ce ne sont que parquets, que pierres
qui paraissent des cristaux et du marbre le plus
riche; l'eau coule goutte à goutte en divers endroits; elle s'apierrit et forme mille petites figu-
res, des statues, des coupes, des siéges, etc., en
un mot le tout paraît très-bien simétrisé; aussi,
dit-on que Messieurs les Rois Maures y faisaient
leur habitation, aujourd'hui ce ne sont que les
chauve-souris; il y en a une quantité qui in-
fecte tous ces beaux appartemens et qui fait peur;
si l'on y tire un coup de fusil, tout frémit pendant plusieurs minutes; vous croiriez que tout
va crouler; ce ne sont enfin que les noirs habitans de ces lieux qui en souffrent; il en tombe
à centaines et ils font un bruit le plus lugubre
que je connaisse; même ces animaux sont plus
grands et d'une couleur plus rousse que ceux
qu'on voit à la ville.

On a soin d'emporter toujours quelque concrétion, quoiqu'il y en ait en quantité; elles dimi-
nueraient bientôt s'il ne s'en formait tous les
jours de nouvelles. Je voulus aussi en emporter;
je ne savais quelle prendre, de l'une je courais
à l'autre; tout me paraissait superbe, tout admi-
rable, à la lueur du flambeau; je fus surpris de
voir au grand jour que ce n'était que de lourdes
masses informes qui n'avaient rien de plus particulier que tant d'autres morceaux de rocher;
je me défis de ce poids inutile.

Enfin, Madame, voilà qui est fait pour notre Vallée; mais je ne dois pas oublier que vous avez dans *Sévignac* deux petites sources minérales, l'une est *souffrée* et l'autre est *ferrée;* on s'en sert quelquefois dans des tumeurs, des ul-cères et des obstructions. J'ajouterai qu'un gentilhomme de notre vallée qui a bien voulu me fournir des éclaircissemens et me corriger même, plus en ami qu'en critique inquiet, m'a fait dire qu'il y avait à Beost, une de ses terres, une source qu'il croit être minérale; il fera sans doute les recherches convenables pour rendre cette eau plus utile au public. La noblesse avait négligé les droits qu'elle a sur les sciences et les beaux arts; mais elle les a repris, et les sciences elles-mêmes en ont acquis un nouvel éclat dans notre Province et dans notre Vallée comme ailleurs.

Nous avons aussi en Ossau des mines de plomb, où les entrepreneurs savent fort bien se ruiner : les mines de fer qui sont sur le territoire d'*Asson*, pénètrent, dit-on, jusques en Ossau : on ne sait comment les Romains tiraient tant d'argent des Pyrénées, comme le dit un Auteur ancien; nous n'en avons point de mine.

Dans ma suivante j'aurai l'honneur de vous conduire ailleurs; nous abandonnons *Ossau*, dont j'ai à peine ébauché les mérites et les agrémens que l'on goûte bien mieux quand on a le bonheur d'y pouvoir jouir de votre compagnie.

J'ai l'honneur d'être, etc.

# XVIII.ᵉ LETTRE.

MADAME,

Je ne saurais mieux faire en vous parlant des eaux que je vais examiner dans cette Lettre, que de donner un extrait de celle que *M. de Bergerou* a mis au jour sur la même matière; vous connaissez déjà que je veux parler des eaux de *Gan. M. de Bergerou*, un des plus anciens médecins de France, doyen de ceux du collége de *Pau*, connu dans toutes nos Provinces pour un praticien des plus consommés que nous ayons, et surtout aimé et respecté par son zèle pour la profession, par sa modestie et par sa charité pour les pauvres, dit que les eaux de Gan sont connues depuis peu de temps, mais très-remarquables par les cures merveilleuses qu'elles ont fait et par la grande réputation qu'elles se sont acquises; elles sont, dit encore ce grand médecin, ferrugineuses, souffrées, et elles contiennent une substance alkaline; elles sont bonnes pour les douleurs, pour certaines tumeurs, pour les obstructions et pour bien d'autres cas qui sont raportés dans sa lettre, avec tout l'ordre et toute la précision qui sied aux grands hommes, et suivant le plan et les idées de l'illustre M. Hofiman.

On peut consulter facilement l'ouvrage que j'indique; il est entre les mains de tout le monde, mais vous me permettrez de vous parler de ces eaux selon que j'ai pu les connaître par moi-même.

La ville de Gan que nous regardons presque comme un village et qui mériterait beaucoup plus le nom de ville si elle n'était pas si près de celle de *Pau*, ne cesse de vanter les vertus miraculeuses de ces eaux; elle est à une lieue de notre capitale, dont elle oserait presque se dire la rivale; elle nous voudrait posséder tous pour nous mettre à portée de profiter de ses trésors; ses habitans sont pleins de zèle; ils sont tous médecins, tous occupés à chanter les merveilles de leur source.

Cette source se trouve hors la ville du côté du midi, dans un bosquet assez agréable pour l'été; il ne faut même pas oublier qu'il est dans un terroir un peu marécageux, et rempli d'une glaise couleur d'ardoise, qui abonde beaucoup surtout du côté de la Fontaine, ce qui ne laisse point que d'être remarquable lorsqu'on veut connaître exactement la nature de l'eau.

La source est donc dans un endroit assez bas comme la ville, qui est entourée de côteaux où l'on recueille du vin qui ose quelquefois entrer en lice avec notre *Jurançon*. L'eau m'a toujours paru un peu trouble étant portée à Pau ; je me suis moi-même transporté sur les lieux , et je n'ai pas été surpris de ce que l'eau n'est pas bien claire ordinairement ; j'ai vu évidemment qu'elle charrie , dans le temps même le plus serein, certaines molécules d'argile d'une terre rougeâtre, surtout lorsque l'on souffle un peu dans le tuyau de la fontaine ; d'ailleurs elle a un goût de terre et elle sent même la vase.

Elle sent le fer que l'on y trouve au goût ; elle rougit les pierres sur lesquelles elle passe, mais elle n'a point le moindre goût, pas la moindre odeur de souffre ; rien n'indique ce minéral, j'ai plus d'une fois fait des expériences pour me convaincre de la vérité de ce fait, et jamais, je puis l'assurer, je n'ai vu l'argent noirci, jamais je ne l'ai vu changé.

Je ne sais si l'eau se trouble, si elle augmente pendant les pluies, et si elle diminue pendant les chaleurs ; j'ai eu beau m'informer de tout avec exactitude, l'un m'a dit que réellement elle devient quelquefois bourbeuse; l'autre m'a assuré que non; il me fallait beaucoup de peine pour avoir des réponses exactes ; les gens du peuple à qui je m'adressai, pour des raisons particulières, me paraissaient se méfier de toutes mes interrogations.

Il serait difficile de compter les malheurs qui sont arrivés à cette source ; comme elle n'était il y a quelques années qu'un petit bourbier, on

a voulu l'embellir selon ses mérites ; et à proportion qu'elle s'acquerait de la réputation, on voulait aussi l'embellir encore : on l'a tant changée,
disposée de tant de façons, qu'enfin le public
avoue qu'elle est méconnaissable ; je ne saurais
décrire exactement la dernière modification qu'on
lui a donnée, on l'a changée depuis que je ne
l'ai vue.

C'est ici, Madame, ce qui me faisait dire ailleurs, qu'il était toujours dangereux de vouloir
toucher aux sources minérales ; il n'est tel que
de les recevoir comme la nature nous les envoie ;
j'ai souvent tremblé pour les Eaux-Bonnes, et je
crains que quelque jour on ne les gâte ; elles
sont pourtant presque les seules que nous ayons
bien naturelles et bien légitimes.

Quoiqu'il en soit, l'eau de *Gan* qui n'était peut-
être pas la même lorsque je l'ai vue, que lorsque
M. de *Bergerou* l'a examinée, a quelque chose
de particulier, outre ce que j'en ai dit ci-dessus.

Elle laisse, étant évaporée, une certaine quantité de terre, avec un peu de sel comme Alkalin,
quelques particules de fer, comme on en trouve
dans l'argile même qui est vers la Fontaine, si
on fait des expériences et des perquisitions nécessaires à ce sujet.

Et pour résumer, l'eau de Gan est froide, un
peu ferrugineuse, et éguisée de quelque peu de
sel, sans esprit minéral, au moins qui se démontre bien évidemment et chargée d'une terre qui

peut, fort bien troubler l'eau, lorsqu'elle vient à abonder extraordinairement, comme à la suite de longues pluies, etc.

Par les qualités de cette eau, nous jugeons facilement des changemens qu'elle peut faire dans la machine, et par conséquent il est aisé de connaître le cas où elle peut convenir : par exemple, veut-on diviser doucement des liquides qui, sans être desséchés, sont pourtant lents et visqueux. On ne saurait mieux faire que de se servir d'une eau armée de quelques particules ferrugineuses, qui remettraient elles-mêmes le ton des vaissaux.

De sorte que si l'on trouve des estomacs lents et pleins de glaires mal divisées, qui affaissent le principal organe de la digestion, et qui sont par conséquent cause que toute la machine va mal, on peut, après d'autres remèdes, user des eaux de Gan, qui conviennent surtout aux filles dont l'estomac n'est pas totalement dérangé, et dans lesquelles on n'a pas à craindre les convulsions et la sécheresse, qu'il ne faut jamais perdre de vue, pour ne pas donner des remèdes qui augmentent la cause du mal.

Bien de gens craignent l'eau de Gan à cause de la terre qu'elle charrie, mais on ne doit point s'arrêter pour cela, surtout dans les maladies que j'indique ; ces parties d'argile sont absorbantes, et peuvent elles-mêmes détruire les aigres qui séjournent souvent dans des estomacs affaiblis.

On se sert des eaux dans toutes les obstructions qui ne sont point invétérées. J'ai vu des tumeurs qui tendaient vers le skirre, dissipées presque par l'application simple de ces eaux : on s'en sert pour certaines douleurs, pour certains rhumatismes, on en use en boisson et en bain ; j'avais même coutume de les faire prendre en boisson ordinaire et froides, à certains sujets, et quelquefois coupées avec le lait.

Je dois aussi indiquer des cas dans lesquels l'usage de ces Eaux m'a fort bien réussi ; tout le monde sait qu'elles conviennent dans les fièvres intermittentes ; j'en ai guéri qui résistaient à tous les autres remèdes ; j'ai eu même lieu de remarquer que comme on l'a souvent observé, des Empiriques sont quelquefois trop acharnés à se servir de certains spécifiques reçus, et qui doivent être ménagés beaucoup plus qu'on ne se l'imagine communément ; c'est en mêlant ces spécifiques avec les Eaux de *Gan*, ou d'autres selon le cas, que je crois que l'on doit attaquer des fièvres opiniâtres très sujettes au moins à des récidives si l'on n'emporte point les embarras qui les entretiennent, et qui peuvent souvent augmenter, par l'usage du Quina, ou par celui des purgatifs réiterés trop souvent. On n'appelle pas communément des médecins pour des fièvres intermitentes, mais on serait surpris si l'on pouvait savoir combien on risque dans les maladies qui paraissent simples, si l'on est irigé par des personnes qui n'ont pas une connaissance bien exacte de l'histoire des maladies, de leurs causes, et de l'économie animale la plus réfléchie.

Vous êtes sans doute étonnée que je n'ai pas parlé jusqu'ici des miracles que l'on dit que les Eaux de Gan font pour le calcul, et des vertus singulières qu'on leur attibue dans certaines nephrétiques; mais, Madame, ce n'est point des bruits vulgaires qui nous dirigent, nous laissons crier le peuple, j'ai examiné avec attention plusieurs de ceux qui usent des eaux de Gan pour la pierre, quelques-uns s'en trouvent soulagés, ils rendent du gravier et des glaires; cela est-il surprenant ? Quelle est l'eau simple, quelle est l'eau minérale, quelle est la tisanne la plus mince qui quelquefois ne fait point le même effet? La décoction simple du chiendent, fait rendre souvent, comme je l'ai vu, une quantité prodigieuse de gravier; mais plusieurs de ceux qui vont à Gan, pour la pierre, ne sont point soulagés, il en est au contraire qui se trouvent mal de l'usage de ces eaux. Il n'y a qu'à faire attention à la lettre de M. de *Bergerou*, on peut conclure de ce qu'il dit, que, quoiqu'on aie voulu croire que les eaux de Gan sont spécifiques pour la pierre, cependant il faut bien se garder de le penser, elles ne chàngent rien à un calcul que l'on y plonge, elles agissent en délayant, en débouchant un peu les vaisseaux réneaux, en facilitant la route par laquelle le

gravier est obligé de passer, mais fondent-elles
le calcul, non; et quoique M. de *Bergerou* aie
eu la bonté de citer la lettre d'un avocat qui
se déclare avec toute son éloquence pour les
eaux de Gan, nous ne sommes point émus; M.
l'*Avocat* a donné un plat de son métier, il fallait
bien qu'il dit quelque chose en se sentant sou-
lagé par les Eaux de Gan, mais je vous assure
que son avis ne forme pas même une présomption chez nous; un poëte aurait fait quelques
vers, souvent on paie le médecin et la médecine, en les préconisant l'un et l'autre.

Il faudrait vous parler d'une autre source que
l'on dit être à Gan, mais elle se trouve, m'a-t-on
dit, chez un particulier qui ne veut pas la laisser
voir, je n'ai pas jugé à propos de lui demander
des nouvelles de son trésor, il est, dit-on, homme
à secrets; et après tout, les Messieurs de Gan
comptent assez sur leur source principale qui
fournissait de mon tems vingt pots d'eau par
heure; sans doute s'ils croyaient qu'elle n'eût
pas toute sorte de qualités, ils feraient des recherches nécessaires pour procurer encore au
public quelque autre source pleine de vertus.
Enfin, si la principale venait à manquer, comme
il est à craindre, il nous restera toujours une
ressource.

J'ai l'honneur d'être, etc.

# XVIII.ᵉ LETTRE.

MADAME,

Les eaux dont je vais parler auraient dû venir après celles de la Vallée d'*Ossau*, elles en sont voisines, mais elles sont presque de la même espèce que celles de *Gan*, et en vérité, elles ne méritent pas d'être mises dans la classe des nôtres : j'ai voulu les séparer, tant je suis opposé à ceux qui les mettent de pair; il faut pourtant avouer qu'elles ont leur mérite, et on les fréquente assez.

On les appelle les Fontaines d'*Ogeu*, elles sont à quelque distance du village du même nom, dans un enfoncement marécageux, ce qui me fit soupçonner qu'elles pouvaient bien se troubler en hiver, on m'assure pourtant que non.

Elles sont dans l'enceinte d'une maisonnete, il y a deux tuyaux assez abondans, et un bain ou bassin qui paraît être bien ancien; l'eau n'est ni froide ni chaude, elle est un peu gluante et bien transparente, presque sans goût et sans odeur; elle laisse pourtant certaine impression de fer sur la langue et noircit la teinture de noix de gales, sans faire aucun changement à l'argent; elle paraît bouillonner quelque peu, étant mêlée aux liqueurs acides, et elle laisse après l'évaporation un sédiment un peu salé mais plus terreux ; c'est une espèce de vase couleur d'ardoise qui paraît tenir du terroir des environs.

De sorte que la terre , le fer et un sol plutôt neutre que d'autre nature, sont les minéraux qui entrent dans cette eau, avec un peu d'huile ou de bitume qui ne tient point du souffre , qui cependant lie les parties du mixte , et retient quelque portion de l'esprit igné qui caractérise l'Eau minérale naturelle.

Cette eau a des usages domestiques et médécinaux ; elle sert aux sains et à quelques malades ; peut-être semble-t-il à certaines gens que réunissant ce double usage, elle doit l'emporter sur celles que l'on croit ne pouvoir servir que de rémède.

Les sains s'en servent pour boisson ordinaire ; ils la trouvent égale en tous les temps, d'une douceur assez agréable et très-légère ; ils veulent même qu'elle aide l'estomac surchargé et qu'elle le décrasse, ils y prennent quelquefois des bains de délice, par lesquels ils prétendent être bien mieux délassés, adoucis et humectés, que par ceux de l'eau simple ; ils y lavent leur linge, et s'en servent comme d'un savon qui leur semble d'autant plus commode qu'il leur épargne l'ordinaire, dont ils pourraient presque se passer tant leur eau est détersive.

Les malades y vont pour s'y baigner et pour y boire ; comme l'eau n'est pas assez chaude pour tout le monde on a soin de la faire chauffer ; ceux qui sont attaqués de douleurs sciatiques, de rhumatismes et de douleurs aux articulations, prétendent y trouver beaucoup de soulagement ; on y va pour les obstructions du bas ventre, pour les embarras des reins, pour ceux de l'estomac et de la poitrine. Ces eaux ne sont pas purgatives ordinairement, on peut les en rendre par la méthode commune ; j'ai éprouvé qu'on peut les mêler avec du lait, qu'elles ne coagulent point, et avec les précautions nécessaires elles peuvent faire du bien ; elles seraient même, il faut le dire, fort estimées ailleurs, mais nous sommes trop riches en Eaux ; il est des provinces qui font fort valoir leurs minérales, qui sont de la même espèce que celles d'Ogeu, nous voulons chez nous quelque chose de plus efficace.

Je mets avec les Eaux d'Ogeu, celles de *St.-Cristau* de *Lurbe*, qui sont auprès du village de *Lurbe*, à l'entrée de la vallée *d'Aspe*, et au pied d'une petite montagne.

On y trouve quatre sources qui paraissent être des filets de la même ; la *première* est dans un trou ; elle vient de bas en haut, sans tuyau, elle est presque tiède et un peu sulphureuse, elle noircit l'argent, et elle contient quelques particules de fer, mais je pense qu'elle est mêlée avec l'eau minérale : la *seconde* est fort abondante, et

évidemment mêlée, elle devient très-trouble pendant les pluies ; elle sort d'un trou du rocher,
d'ailleurs, elle est sans chaleur, sans souffre,
sans goût, presque ferrugineux : la *troisième* est
abondante de même ; elle est sujette aux mêmes
inconvéniens, et n'a pas plus de propriétés : la
*quatrième* sort dans un très-petit creux ; elle est
très-fraîche et ne charrie pas le moindre minéral.

Je crois qu'il y a dans cet endroit deux sources, l'une minérale et l'autre qui ne l'est point,
et suivant que l'une des deux abonde plus ou
moins, elles donnent des composés différens : la
première contient plus de minéral que toutes les
autres : la quatrième n'en contient absolument
point, et les deux autres en contiennent fort peu.
Ce détail n'est pas inutile il s'en faut beaucoup,
on est obligé quand on parle d'un remède prôné,
surtout par le peuple, de lui retrancher toujours
des vertus que l'ignorance a soin de lui attribuer.

Qui dirait, par exemple, que chacune de ces
fontaines a sa vertu marquée : la première sert
pour ce que l'on nomme des maladies de l'estomac, et l'on comprend sous ce nom la poitrine et le bas-ventre : la seconde est recommandée pour les douleurs : la troisième guérit
toutes sortes de dartres, et la quatrième est efficace pour les maladies des yeux : les voilà bien
partagées sans doute, il faut pourtant décompter.

Cette eau a ses qualités, je l'avoue, mais celle
de la première fontaine les contient toutes et

les autres empiètent sur ses droits : celle-ci est
bonne pour les douleurs, pour quelques maladies de la peau, pour la poitrine; on y porte
des enfans qui ont des obstructions, et les deux
autres peuvent servir comme des bains domestiques pour tempérer ; surtout on doit retrancher à la quatrième sa prétendue efficacité pour
le mal aux yeux, tout au plus peut-elle les né-
toyer et les rafraichir.

Les voisins de cette eau s'en servent pour
boisson ordinaire; ils ont même soin de choisir la
plus minérale, dont ils font aussi d'autres usages domestiques, de façon que celle-ci ne cède
en rien à celle d'Ogeu; on peut aussi s'y baigner
à l'abri.

Les eaux dont j'ai parlé dans cette Lettre sont
minérales très-certainement; on s'en sert pourtant, comme je l'ai rapporté, en tout temps; on
en boit au repas sans que l'on s'en trouve incom-
modé; ceci me confirme encore dans l'idée que
j'avais l'honneur de vous proposer à la fin de
ma XV.e *Lettre.* Les Eaux-Bonnes, les Eaux-Chaudes et toutes les autres, ne chargeraient pas plus
l'estomac que celle-ci.

J'espère que le public ouvrira les yeux, et je
me flatte de voir un jour que, lorsqu'on ira aux
eaux ce ne sera point pour s'en gorger, pour
s'en noyer pour ainsi dire chaque matin, mais
la plupart boiront à leur soif; ils boiront au repas
sans se gêner; au contraire chacun aura cette

émulation , cette vivacité et cette gaité que la table inspire, si l'on a soin surtout d'avoir d'excellent vin , qui sera toujours d'autant plus goûté et plus salutaire, qu'on le prendra avec plus de modération.

J'ai l'honneur d'être , etc.

## XIX.e LETTRE.

MADAME,

Je ferai mention dans celle-ci de plusieurs espèces d'eaux, dispersées çà et là ; comme elles ressemblent la plûpart, plus ou moins, à quelqu'une de celles dont j'ai parlé, il ne sera pas nécessaire d'entrer dans un grand détail.

Je parle d'abord des eaux de *Tersis;* il y a deux sources très-chaudes, l'une plus que l'autre; elles sont ferrugineuses et contiennent un sel comme vitriolé ; elles sont fort actives, peu souffrées ; la plus chaude est réservée pour les bains, au lieu que l'on boit et que l'on se baigne à la tempérée. M. *Classun*, médecin de mes amis, m'a écrit qu'elles produisent de bons effets dans les rhumatismes qui viennent par froideur et humidité , dans les paralysies et engourdissemens des

parties, après des affections soporeuses ; elles réussissent fort bien en douche, dans les surdités récentes, et les bourdonnemens d'oreille, qui dépendent d'une surabondance de sérosités; elles ne passent point pour vulnéraires ; elles sont purgatives; on en prescrit intérieurement le moins qu'il est possible.

Les eaux d'*Ax*, si connues même des *Romains*, sont très-chaudes, bitumineuses et ferrugineuses, on se sert des eaux et des boues ; on se baigne dans l'eau dont on boit un peu ; on se plonge dans les boues pour les paralysies , les bouffissures et les grands relâchemens.

C'est un traitement assez violent que celui d'*Ax*; il faut être d'une bien bonne constitution pour y résister, surtout si l'on est obligé de plonger une grande partie du corps ; mais le peuple s'imagine qu'il n'est rien tel que de forcer et de presser le mal, comme il dit; il en est qui perdent par leurs sueurs la partie la plus douce et la plus nécessaire de leur sang, ils se dessèchent en entier ; je serais d'avis que l'on tâchât de faire revenir le vulgaire sur ce point, que l'on défendît à tous les Baigneurs de faire suer quelqu'un sans un besoin bien constaté, ou sans ordre. J'ai vu les corps les plus robustes s'être usés totalement, par une pareille façon d'agir qui me paraît toujours à fuir pour peu que le malade ait le sang vif ou les solides tendus : elle doit être extrêmement menagée et par des gens du métier;

ellé ne convient qu'à des corps totalement *Spon-gieux*, à des *Cacochimiques*, il faut le dire, il faut le répéter à tout le monde, c'est un grand abus qu'il faut réformer : j'avais ceci en vue quand j'ai dit dans ma XIV.<sup>e</sup> *Lettre*, que tout le monde n'a pas besoin de se coucher après le bain, tout le monde n'a pas besoin de suer.

Je reviens en Béarn. Nous avons à *Orthez*, qui est une de nos plus anciennes villes, les eaux de *Baure*; elles sont un peu chaudes le matin surtout, fort transparentes, sans odeur ni goût de minéral; elles sont de la classe de celle d'*Ogeu*, mais beaucoup plus faibles; quelques médecins des environs croyent qu'elles n'ont pas plus de vertu que l'eau commune; on y va pourtant en foule pour combattre l'âcreté, la sécheresse, et la rarefaction des humeurs, les chaleurs d'entrailles; on les recommande pour les maux au gosier, pour les fluxions aux yeux, etc.; mais la situation avantageuse de l'endroit et la bonne compagnie que l'on peut y trouver, attirent plus de monde que l'efficacité des eaux.

Outre les fontaines salées dont j'aurai l'honneur de vous parler ailleurs, il y a encore à *Salies* deux petites sources dites de *Sourberan* et l'*Eau de Guérison*; certaines gens croyent qu'elles sont minérales, d'autres ne les reconnaissent pas pour telles, on va s'y rafraîchir.

On parle des eaux de *Feas* et d'*Armendions* à *Oloron*, elles sont de la même espèce, et elles ont toujours quelque petit usage; il ne faut qu'un coup de vent pour les mettre en réputation.

Les eaux de *Beyrie* ont quelques partisans, et même de bonnes protections en ville; elles ont guéri des fièvres opiniâtres, des obstructions, des maux d'estomac, mais elles sont aussi de la basse classe.

Il y a au bois de *Monein* de petites eaux dont bien des gens prétendent s'être bien trouvés, et certainement, elles ne valent pas la peine d'être mises en liste; j'ai pour garant de ce que j'avance M. de l'*Ample*, médecin de ce pays-là, et connu pour un de nos excellens praticiens.

C'est, Madame, sur ces sortes de fontaines que je voudrais que l'on fît des expériences, pour les orner et pour les bâtir; le public ne risquerait pas grand chose.

J'aurais aussi à vous parler de quelques autres fontaines moindres encore que les précédentes, je me contente de vous citer celle de la côte de *Morlàas;* quelques paysans se sont imaginés que parce qu'elle tarit l'hyver et qu'elle est fort abondante l'été, elle doit avoir quelque vertu miraculeuse, rien cependant moins que cela, elle est est fort bonne à boire; elle vient apparemment de quelque réservoir que les froids de l'hyver glacent, et voilà l'énigme expliquée : voilà les vertus de l'eau de Morlàas évanouies : il y a aussi vers ces cantons quelques fontaines pour lesquelles le peuple a certains préjugés qui sont peut-être de vraies maladies, mais les médecins n'ont pas d'inspection sur ces sortes d'infirmités.

Chaque ville, chaque village voudrait avoir ses eaux ; il semble que les habitans de la plaine envient ce bonheur à ceux des vallées.

J'ai l'honneur d'être, etc.

## XX.ᵉ LETTRE.

MADAME,

Vous avez vu que la plaine n'est pas le vrai séjour des eaux, on n'y trouve que quelques filets qui échappent à nos montagnes, qui gardent pour leurs habitans leurs biens les plus précieux.

Nous y revenons, et nous allons entrer dans la vallée d'*Aspe*, elle est à l'occident de celle d'*Ossau*, les mœurs, le langage, les terres, tout y est étranger pour un *Ossalais* ; il n'y a pourtant qu'une petite chaîne de montagnes qui nous sépare.

J'ai souvent pensé à chercher d'où venait cette différence, et je me suis imaginé qu'il serait bien agréable de voir l'histoire des *Pyrénées*, depuis *Perpignan* jusqu'à *Bayonne* ; ceux qui nous décrivent avec tant de soin les coutumes du Nouveau-Monde, seraient étonnés eux-mêmes de trouver en France des jargons, des mœurs et des façons de se mettre si différentes.

En *Aspe*, par exemple, on pleure les morts, en vers et en rimes, en chantant; ce sont des Dialogues, des Elégies, quelquefois très-spirituelles, des apostrophes à l'ame du mort, des commissions qu'on lui donne pour la parenté; comment cette vieille coutume s'est-elle conservée? On pleure aussi en Ossau, mais non point avec tant d'art ni tant de vivacité; on y aime mieux la prose que les vers.

Les eaux les plus connues en *Aspe* sont celles d'*Escot* à un quart de lieue du village du même nom, elles sont le long du *Gave* qui s'y mêle lorsqu'il déborde; il y a trois sources assez égales, et même assez abondantes; l'eau en est bien limpide, un peu tiède et huileuse, sans souffre pourtant, au moins elle ne fait aucune impression sur l'argent, et elle tient plus du fer que de tout autre minéral; quoique douce et presque sans goût, elle laisse sur la langue quelque âpreté; le sédiment en est sabloneux, et contient un sel qui fait avec les liqueurs acides quelque ébullition, que j'attribue jusqu'ici à la terre dont je n'ai pas été à même de le bien dépouiller; l'eau ne change presque rien aux liqueurs acides, ou à celles de nature contraire; elle contient du fer, du sel, de la terre, et de l'huile spiritueuse.

Ces eaux sont d'un grand usage, dans tout le

pays voisin ; on les emploie pour les tempéramens vifs et bouillans, qui ne peuvent pas en
supporter de plus actives ; dans toute sorte d'obstruction, pour les poitrines délicates, pour rafraîchir le sang, mais surtout pour la nephrétique,
et peu s'en faut qu'elles ne passent pour spécifiques
pour cette dernière maladie ; elles ont fait rendre du gravier en plusieurs occasions, mais elles
ne changent presque rien à un calcul que l'on y
plonge, et ce n'est qu'en adoucissant, en humectant et en divisant très-légèrement, qu'elles peuvent agir sur les reins et sur les autres parties ;
elles sont aussi recommandées pour les vieilles
fièvres, ou plutôt pour les embarras qui sont la
cause ou la suite de ces fièvres si longues, comme j'avais l'honneur de vous le dire ailleurs,
*Lettre* XVII<sup>e</sup>.

Il y a deux bains à *Escot;* on peut même y
faire chauffer l'eau.

J'ai conseillé à tous ceux qui sont à portée de
prendre ces eaux, de ne point craindre de les
mêler avec du lait, et de les échauffer quelquefois pour augmenter leur vertu apéritive, avec
un fer rougi, comme je le disais *Lettre* XV.<sup>e</sup>
Je n'ai pas aussi manqué de dire à tout le monde
qu'on pouvait en faire sa boisson ordinaire, surtout quand on est sur l'endroit ; partout on trouve presque les mêmes préjugés, partout on est
obligé de répéter les mêmes choses.

En avançant vers la montagne, on trouve une

espèce de bourg nommé *Sarrance*, où il y a une
dévotion , où les ames pieuses ont accoutumé
d'aller faire des retraites ; on est sûr d'y être bien
reçu par de très-honnêtes religieux, qui se font
un plaisir et un devoir d'assister tout étranger ;
il y a dans cet endroit une petite fontaine à
laquelle on attribue bien des vertus , mais en
vérité il faut avoir tout autre préjugé que ceux
de la médecine, pour mettre cette eau au nombre des minérales.

On m'a fait voir au-delà de Sarrance , dans
le territoire de *Bedous*, une fontaine que l'on
appelle *Carrole*. Elle est le long d'un ruisseau sur
le bord d'un pré. Elle est froide, elle charrie de
l'ocre en quantité, de sorte qu'elle est ferrugineuse, comme son goût l'indique aux connaisseurs. Cette source n'est pas fort connue ; cependant comme des gens qui ont le sang coïneux et
sec, propre aux *extases*, aux hémorrhoïdes, etc.
m'ont dit s'en être bien trouvés , je ne doute
que l'on ne puisse s'en servir pour désobstruer
des viscères tendant à l'*opilation*, et pour corriger la lenteur de la bile , et empêcher le sang
de tomber dans cet épaississement qu'il m'est
permis d'appeler *mélancolique* , en parlant d'une
eau qui est aussi près d'Espagne, où la médecine
galante n'a pas encore pénétré, et où l'on m'en-
tendra facilement.

Il est bon de dire que ces eaux peuvent être
trop *sèches* par elles-mêmes dans certains cas ;

comme elles ne sont pas huileuses, il serait souvent nécessaire de les mêler avec du lait, ou du
petit-lait, ou avec la décoction de ris, par exemple, ou de fleurs de mauve pour en user en boisson ordinaire.

Remarquez s'il vous plait, Madame, que cette
eau s'est trouvée précisément dans les fonds ap-
partenans à la famille de feu M. de *Laclède*,
célèbre médecin de ce pays-là, comme si la
Nature avait voulu faire ses efforts pour consoler
la vallée de la perte d'un grand Maître, dont
l'héritier de nom ne laisse pas de préconiser les
eaux avec beaucoup de connaissances et d'expériences qu'il a faites, quoiqu'il ne soit pas
médecin.

Après l'eau de *Carrole* vient celle de *Suberlaché* : celle-ci est dans le territoire d'*Accous* et
dans le champ d'un particulier, dont l'avarice ne
permet pas au public de profiter des eaux; il a
la méchanceté de remplir continuellement de
gros graviers un trou d'où l'eau sort toujours
malgré lui : on devrait le punir, d'autant plus
que l'eau est tiède, *souffrée*, ferrugineuse, et
très-recommandable par les cures qu'elle a faites
pour des maladies externes et internes, pour
des rhumatismes, pour l'estomac, et toute sorte
de cronique où il est besoin de réparer le baume
naturel du sang, son huile, sa limphe, etc.

Il n'est point jusques aux bêtes, qui n'aient
éprouvé la vertu de ces eaux; les dames de la

vallée me faisaient la grace de me compter quelques cas où leur usage avait réussi, à des animaux pour lesquels elles s'intéressaient ; elles
avaient même la bonté, de me demander avis
sur certaines maladies de ces mêmes animaux
chéris ; je crus pouvoir sans compromettre la
*Majesté doctorale*, ordonner quelques rémèdes;
pourquoi se dérober à des occasions où l'on
peut être utile; je connais de mes confrères qui
ne descendraient pas jusques-là; mais il en est
d'autres qui ne dédaignent pas de songer très-
sérieusement, à toutes les maladies des bêtes;
on dit qu'un médecin, dont le cheval avait la
pousse, était dans l'habitude de le traiter comme *atshmatique*, et de le mener aux Eaux chaudes pour les lui faire prendre; comme il y était un
jour, le cheval ne se trouvant pas bien de la
diette très-severe que son *Maître Médecin* lui faisait faire, il décampa, et M. le docteur fut obligé
de faire à pied, trois ou quatre lieues sur les
rochers; ce n'est pas le premier malheur qui soit
arrivé à ceux de notre profession, qui vont se
*sacrifians pour le public, et par monts et par*
*vaux.*

Quoiqu'il en soit, il est étonnant que les Con-
suls de la vallée d'Aspe ne prennent pas des arrangemens pour ce qui concerne l'eau de *Suber-*
*laché*; on les accuse d'être plus occupés des procès que de ce qui regarde la santé, mais enfin
ce serait toujours en suivant le stile des affaires

que l'on se plaindrait de la mauvaise foi du
propriétaire de *Suberlaché*, de sa rebellion au
droit naturel, en concluant à le faire semoncer
et corriger de son mauvais procédé.

L'eau que l'on nomme du *Poutrou*, est encore
plus avant dans la montagne, au-delà du village
de *Borse* le long du Gave, et sur le grand chemin d'Espagne qui fut, dit-on, fait par les ordres
de *Cesar*, et qui n'est qu'un sentier très-risqueux,
qui prouve combien les anciens étaient faits au
péril.

Cette eau du *Poutrou* est mêlée, elle est pourtant tiède et ferrugineuse, on s'en sert pour les
douleurs, on la recommande même pour la goute
depuis qu'un homme de distinction de la province attaqué de cette maladie, les alla prendre,
mais elles ne sont pas plus propres que tant d'autres, pour cette incommodité; on dit encore que
du temps des guerres d'Espagne, des officiers
s'en trouvèrent fort bien pour la gravelle; je veux
le croire : mais nous en avons de beaucoup meil-
leures, et celles-ci peuvent tout au plus servir
pour le village de *Borse*, où on les emploie effectivement pour rafraichir, pour assoupir des viscères trop tendus, en débouchant les plus petits
canaux, et en lotion pour des douleurs et pour
quelques tumeurs, etc.

Il y a encore en Aspe des eaux que l'on nomme
de *Laberouat à Lescun*, et celles de *St.-Cristau
Daidious*; il faut aussi ne pas oublier qu'il y a

une petite fontaine dans la Vallée de *Baretous;* toutes ces petites eaux ont leurs usages.

Il faut l'avouer, Madame, les eaux d'Aspe ne valent point celles d'Ossau : nous avons d'ailleurs le témoignage de M. *d'Orrun* grand médecin de cette même Vallée d'Aspe : il nous envoie tous les ans une quantité prodigieuse de malades, et il convient que nos minérales sont très-supérieures : les *Aspois* ont beau vouloir nous disputer certaines prérogatives, nous sommes à tous égards plus forts qu'eux : vous savez qu'un bon Ossalois ne peut s'empêcher de parler ainsi.

De tous tems chacune des deux Vallées a voulu primer; on en est venu jusqu'à des combats très-sanglans : j'ai même vu une querelle assez sérieuse, et dont j'étais la cause en quelque façon.

Il s'agissait des médecins des deux Vallées : l'Aspois jurait pour M. *d'Orrun*, et l'Ossalois pour M. de *Monclus* et M. de Sudre. Il est doux pour les gens de la profession de s'affectionner ainsi les personnes même du vulgaire.

J'ai l'honneur d'être, etc.

# XXI.<sup>e</sup> LETTRE.

MADAME,

Quoique je n'aie pas pû moi-même me rendre sur les lieux pour examiner les eaux dont je dois parler dans cette lettre, je dirai pourtant ce que j'en ai appris par le rapport des médecins célèbres de ce canton.

Ces eaux sont celles des *Basques*, ils en ont quatre sources, celles de *Cambo*, *Ville-Franche*, et *Larre* en *Labour*, et celles de *Lacarre* en *Navarre*.

Les eaux de *Cambo* sont un peu plus que tièdes, claires et transparentes, elles répandent au-dessus de la Fontaine un brouillard épais avec une odeur de souffre très-forte, elles ont un goût d'œuf couvé; une pièce d'argent et *un œuf* étant plongés dans l'Eau, à la source, devinrent, en moins d'une minute, jaunâtres, et bientôt après ils parurent noirs.

Le résidu des eaux contient une matière que l'aiman attire; si l'on en jette une portion sur les charbons ardens, on voit une flamme bleuâtre, et l'on sent l'odeur du souffre brûlé, il bouillonne avec l'esprit de nitre; de façon qu'il est démontré que le souffre et le fer dominent dans ces eaux, qui renferment aussi une matière alkaline, ou qui bouillonne avec les acides.

Elles contiennent une portion de cet esprit minéral, de cette matière éterée, qui en fait la principale vertu, qui échappe à l'analyse chimique; elle est si subtile qu'elle s'évapore promptement, peut-être même, dit-on, à travers les pores du verre.

Ces eaux puisées à la source, perdent dans vingt-quatre heures une grande partie de leur odeur et de leur gout; elles ne teignent plus l'argent, et elles pèsent beaucoup sur l'estomac, de façon que pour les faire transporter, il faut user de toutes les précautions dont j'ai parlé (*Lettre XV.*) et de quelque façon que l'on s'y prenne, leurs effets sont plus lents et beaucoup moins considérables que si l'on en usait sur les lieux.

Nous pouvons donc mettre ces eaux au nombre de celles qui ne souffrent point le transport, et qui gardent toute leur efficacité pour les habitans des lieux, et pour ceux qui se donnent la peine de se rendre sur l'endroit.

On les emploie en général quand il s'agit de renforcer les parties solides, et détruire les épaississemens qui ne sont pas inflammatoires, quand on veut déboucher des canaux obstrués, et augmenter les sécrétions des urines et de la transpiration, etc.

Il faut aussi remarquer qu'elles vident copieu-
sement par les selles, selon le rapport de M.
*Delisalde*; grand médecin de *Bayonne*, qui a
fait les expériences que j'ai rapportées.

Ces eaux sont presque comme les Eaux-Chaudes d'*Ossau*, mais elles purgent et les nôtres
constipent souvent; de façon qu'il faut y soupçonner quelque sel un peu vif, qui picotte
les intestins, et qui paraît indiquer que si ces
eaux sont bonnes quand les premières voies sont
lâches et *embourbées*, on doit bien se garder
de les ordonner quand elles sont faibles, et lorsqu'on craint des humeurs fougueuses qui débor-
deraient, si l'on les animait trop : telles sont
les eaux de Tersis, dont il est toujours bon de
se dispenser autant qu'il est possible.

Les eaux de *Villefranche* sont froides, trou-
bles et ont un peu le goût du fer : elles ne
contiennent qu'une terre argileuse, qui reste
seule après l'évaporation : on les emploie contre
la rarefaction du sang, contre les aigres de l'estomac, et lorsqu'on veut décrasser les reins ou
la peau, etc.; elles passent par les urines, mais
peut-être moins que l'eau commune, selon l'observation de M. *Delisalde*.

Les eaux de *Sarre* et celles de *Lacarre* sont
de même nature, sans odeur ni goût de minéral,
un peu apéritives, et peu en usage.

Telles sont nos petites eaux dont j'ai parlé,
*Lettre* XIX. Telles celles de *Gan ;* ce sont des

minérales fausses, et factices; elles ne contiennent point le beaume précieux, qui fait les minérales proprement dites; elles sont des avortons, ou des monstres, et bien différentes des légitimes.

J'ai l'honneur d'être, etc.

# XXII.<sup>e</sup> LETTRE.

Madame,

Nous nous écartons encore du Béarn et nous allons parler des eaux de *Cauterets*. *M. de Borie*, de Pau, médecin d'une grande réputation, et dont je ne saurais détailler les mérites sans être suspecté, comme son parent, a donné, il y a quelques années, un ouvrage sur ces eaux; je ne ferai que l'abréger, et je serai heureux si je puis rendre ce qui y est circonstancié avec beaucoup d'exactitude, et ce qui se confirme tous les jours par mille expériences.

D'abord, il faut observer qu'il y a à *Cauterets* plusieurs sources, celle de *Larralière*, celle de *Courbères*, de *Bayard*, de *Mauhourat*, celle du *Bois*, des *œufs*, et celle que l'on nomme *des Bains*.

Toutes ces fontaines ne diffèrent que du plus au moins; on trouve dans toutes beaucoup de souffre, du fer, et du sel mêlé avec quelque peu de terre; toutes ont l'odeur d'un œuf couvé, elles noircissent l'argent, elles donnent quelque légère marque d'alkalinité, elles teignent en rouge et en brun la teinture de noix de gales, elles contiennent beaucoup de vapeurs actives, qui se font sentir au loin, et elles charrient des glaires blanchâtres qui, étant séchées, prennent feu; elles sont onctueuses, plus ou moins grasses, bitumineuses, et chaudes à différens degrés.

Celle de *Larralière* est connue depuis l'année 1630 ou environ, elle est avec cela une des plus nouvelles; quel titre d'ancienneté! elle se trouve sur la croupe d'une montagne, à quelque distance des maisons; elle est assez abondante, on peut s'y baigner, elle est tiède et la plus fréquentée.

Elle réunit effectivement toutes les vertus des autres, et il faudrait entrer dans un grand détail pour examiner toutes les maladies pour lesquelles on va boire à cette source : en général ces eaux conviennent pour toute sorte de maladie de l'estomac; elles guérissent les vomissemens habituels, qui peuvent passer pour incurables s'ils résistent à ce remède : elles sont bonnes pour toutes les indigestions, pour les dérangemens d'appétit, pour tous les cas dans lesquels les personnes du sexe ont une espèce de fureur

8

de vouloir se nourrir des choses qui leur seraient très-pernicieuses, si on les leur permettait.

Il a toujours paru difficile d'expliquer tous ces dérangemens, qui ne paraissent souvent entretenus que par l'imagination : vient-on à parler d'un aliment quelconque devant certaines filles, leur cerveau se monte sur un certain ton, elles ne désirent, elles ne veulent, elles ne peuvent souvent retenir que ce qu'elles demandent; on pourrait, ce semble, rendre raison de pareils phénomènes dans le système de quelques récens qui prétendent, après les Anciens, que l'âme fait tout dans le corps, qu'elle le meut, qu'elle le dirige, qu'elle le change; mais il faudrait entrer dans des discussions plus métaphysiques que médicinales; il suffit qu'un médecin sache qu'il doit toujours faire attention aux passions des malades; qu'il doit, suivant l'occasion, s'opposer vigoureusement, ou céder à leurs désirs, observant de ne point tomber dans une trop grande sévérité, qui serait pernicieuse, autant qu'une trop grande complaisance; il suffit qu'il sache que les eaux de *Larralière* sont efficaces pour cette incommodité; on les vomit souvent à la première, à la seconde fois; mais on ne doit pas se rebuter, on doit aller en tâtonnant, en suivant ma méthode, de boire souvent et peu, à toute heure, etc.

Il est encore constant que ces eaux conviennent à certains *poitrinaires*; ces maladies paraissent incurables à presque tous les étrangers,

mais nous sommes accoutumés à les voir guérir,
ou au moins pallier. Je puis assurer que j'ai vu
à Cauterets quatre ou cinq personnes qui, suivant le rapport qu'elles m'ont fait, doivent évidemment la vie à ces eaux; ils avaient craché le
sang et le pus, ils avaient été en fièvre lente vers
la fin du second degré, etc. Ces eaux valent autant que les eaux *Bonnes*, lorsqu'il y a dans la
poitrine un certain relâchement, un *embourbe-*
*ment* des humeurs; mais les eaux *Bonnes*, comme plus douces, conviennent mieux dans les poitrines sèches, dans les pulmonies qui viennent
par un érétisme des solides, lorsqu'il y a des
*tubercules secs*, etc.

Les obstructions, les maux à la tête, ceux de
tous les viscères ne résistent point à ces eaux;
pourvu qu'on aie soin de les ménager et qu'on
prépare les malades par des bouillons, par du
lait, avec lequel on peut mêler l'eau, dont on
se sert aussi pour les plaies, les ulcères, etc.

En un mot, il est impossible de ranger sous
certaine classe les maladies pour lesquelles on
vient en foule aux eaux de Cauterets : elles sont
très-fréquentes : la plupart s'en trouvent bien,
mais il en est beaucoup qui ont besoin d'user
de grandes précautions ; ces eaux peuvent être
nuisibles, elles peuvent échauffer et devenir pernicieuses, surtout pour des malades qu'on envoie presque mourans, et qui auraient dû user
de notre remède depuis long-temps.

La fontaine de *Courbères* est un peu plus
chaude que la précédente, elle n'est point aussi
fréquentée, et on parle beaucoup à son occasion d'une source que l'on prétend être cachée
par un paysan, parce, dit le peuple, que comme
elle contient du mercure et comme elle est par
conséquent bonne pour les maladies qui sont
du ressort de ce minéral, ceux qui veulent être
les seuls guérisseurs de ces sortes d'incomodités,
font cacher cette source; mais c'est ici un de
ces bruits populaires que j'ai tâché de détruire
en désabusant ceux qui étaient prévenus contre
des ouvriers qui leur paraissaient trop merce-
naires; on m'a aussi nommé cette source, celle
du *Pré;* elle est le long du *Gave.*

La fontaine Bayard est assez loin du bourg;
elle a un petit tuyau, elle me paraît être de
la même nature et convenir dans les même cas
que Larralière. Elle a tiré son nom d'un Seigneur distingué dans notre Province, qui allait
ordinairement prendre cette eau.

C'est ainsi que chaque fontaine retient le nom
des personnes illustres qui s'en sont bien trou-
vées. *Sanches Abarca*, 1.<sup>er</sup> roi d'Aragon, prit les
Eaux-Chaudes à la fontaine qu'on nomme depuis
celle du Roi. La princesse Tolèze guérit autrefois par l'usage des Eaux-Bonnes. Notre grande
reine Jeanne usait des Eaux de la Reine, à
Bagnères. Le grand prince de Condé se trouva
bien des Eaux de Ville-Franche. Ces sortes de

traditions se perpétuent; c'est en quelque façon un hommage des fontaines à l'égard des descendans de ceux dont elles portent le nom.

Celle de *Mauhourat* ou *Mauvais Trou*, est auprès de la *Bayard*, dans un trou effectivement ou dans une fente d'un rocher, d'où elle sort assez irrégulièrement; il faut descendre dans une espèce de puits pour arriver à l'endroit où se trouve l'eau dont on se sert à peu près comme des autres : elle est assez chaude, elle charrie beaucoup de souffre, elle ne change rien aux liqueurs alkalines, ni presque aux acides.

Ce qu'on doit observer avec attention, par rapport à cette source, car on trouve dans la voûte du rocher des fleurs salines qui paraissent être formées par la fumée qui s'élève de l'eau et qui donnent toutes les marques d'acidité; elles sont aigrelettes, elles bouillonnent avec l'huile de tartre, et rougissent le syrop violat et la teinture du tournesol : il y aurait bien des remarques et des recherches à faire sur ce sel ; je pense qu'il pourrait avoir des usages médicaux, j'ai ouï dire qu'il était purgatif, etc. Mais, je le répète, l'eau ne donne pas la moindre marque d'acidité; elle ne change rien au lait, que je sache, etc.

La fontaine du *Bois* se trouve sur la même montagne, beaucoup plus haut que les deux précédentes; elle est très-chaude, de la même nature que toutes les autres; on peut s'y baigner pour les douleurs , les paralysies ; etc., comme dans les autres bains , dont je parlerai plus bas.

La fontaine des *œufs* est à quelque distance de la Bayard, précisément le long du Gave, qui dans cet endroit fait une des plus belles cascades que l'on puisse voir; il y a tout à craindre en allant voir cette eau , aussi n'y va-t-on pas ordinairement, il faut se laisser glisser sur un rocher; j'y descendis et je ne pus pas porter avec moi mes attirails chimiques; je trouvai l'eau très-chaude, d'ailleurs, comme les autres; je résolus de ne point m'exposer à lui faire une seconde visite, je l'appelai la Fontaine *des distraits*; il faudrait sans doute qu'ils fussent plongés dans des méditations bien profondes , s'ils n'étaient pas réveillés et saisis , à l'aspect d'un précipice affreux et au bruit du Gave qui fait tout trembler dans cet endroit.

Les eaux que l'on nomme *des Bains*, et dont on peut boire aussi, sont plus près des Cabannes et dans une autre montagne ; elles étaient apparemment les seules que les anciens connaissaient; les bains sont faits à leur façon.

Le bain *d'en haut*, qui n'est qu'un grand bassin a deux grands tuyaux; l'eau y est très-chaude, très-huileuse; elle a en un mot, les mêmes qualités que celles dont on boit.

Le bain *du milieu*, est encore un grand bassin; il est très-abondant, il est plus bas que le précédent, il est moins chaud.

Le *petit bain*, qui est auprès d'un autre que

l'on appelle la *cuve de l'ause*, à deux tuyaux ;
l'eau de l'un est très-chaude et celle de l'autre
beaucoup moins ; il fournit à quatre bains que
l'on nomme *des Pères*, où l'on a la commodité
de donner à l'eau la chaleur que l'on juge à propos, à la faveur de deux robinets.

Voilà bien des bains de tous les degrés, aussi
les prend-on pour toute sorte de maux, suivant
que l'on veut ou se rafraîchir, ou s'animer dans
les douleurs, les paralysies et toute sorte de rhumatismes ; j'ai même vu des gens qui avaient des
rhumatismes, avec sécheresse et aridité des parties, qui se trouvaient bien des bains, même
les plus chauds, sans doute à cause du baume des
eaux ; mais ils auraient mieux fait de commencer
par les bains les moins violens, pour venir ensuite aux plus forts, etc. Car je ne suis pas absolument de l'avis des médecins, qui n'osent jamais
tenter quelque chose d'un peu actif. Quoique la
grande chaleur paraisse pouvoir sécher les parties à la longue, et dessécher même le sang, comme je le disais *Lettre* XIX ; cependant elle lève
souvent des obstructions, elle détruit des embarras qui occasionnaient la sécheresse ; mais il faut
être du métier, et bien comparer tout, avant de
se déterminer.

On demande, si on ne pourrait pas faire descendre quelqu'une de ces sources jusqu'au vallon, où les Cabanes se trouvent ; on épargnerait
bien de la peine aux malades, qui sont obligés

de monter sur la montagne ou de s'y faire porter à grands frais; à mon avis, on le pourrait sans doute, et je m'étonne qu'on ne l'ait point fait; on n'aurait qu'à faire passer l'eau dans des canaux de brique et elle ne perdrait presque point dans son trajet, au moins on pourrait risquer une source; il n'est pas question ici d'aller fouiller pour chercher l'eau; ainsi ce que j'ai dit ailleurs, ( *Lettre* 11.ᵉ, 17.ᵉ et 19.ᵉ ) ne doit pas changer l'idée que je propose actuellement.

Nos anciens *Béarnais* avaient souvent recours aux eaux de Cauterets, et ils ont sans doute donné naissance au proverbe dont on se sert encore aujourd'hui, *à Cauterets qu'at anets deberse*; mais on ne sait pas bien quel est le sens dans lequel on doit prendre le proverbe, qui paraît ironique; je crois qu'il l'est réellement, et que l'ironie ne tombe pas sur la nature de l'eau; mais qu'elle indique combien il était difficile de se transporter sur les lieux; il y avait effectivement des chemins affreux, que l'on a rendus très-praticables, de façon qu'on ne peut guères dorénavant se servir de ce proverbe, qui tombe aussi depuis que les Eaux bonnes, les Eaux chaudes et celles de Gan, enlèvent beaucoup de pratiques à celles de Cauterets, qui changent par le transport, au point que les bons buveurs croient qu'il faut sans se servir d'une tasse, ou d'un verre, appliquer sa bouche au tuyau de la fontaine, et avaler ainsi à longs traits, la liqueur précieuse.

J'ai l'honneur d'être, etc.

# XXIII.ᵉ LETTRE.

Madame,

Il n'est point d'eaux minérales dont la réputation soit aussi étendue que celle de *Barèges*, elle est connue dans tout le Royaume et chez les étrangers; on y vient en foule des pays les plus éloignés, et il semble que ces eaux acquièrent tous les jours, que tous les jours elles se rendent recommandables par les cures merveilleuses qu'elles opèrent.

Cependant, j'ose le dire, elles ne sont pas connues aussi exactement qu'elles devraient l'être, et il est à propos que je fasse un détail de ce qui peut servir aux Médecins qui ne sont pas à portée de se transporter sur l'endroit.

Je suivrai ma méthode ordinaire, je décrirai le local, la qualité et la différence des sources, en réduisant à des règles générales les observations particulières; il faudrait un volume si l'on voulait circonstancier tous les faits que les gens du métier savent prévoir, pourvu qu'ils connaissent les propriétés d'un remède.

Sans doute, il est nécessaire de parler du nombre des fontaines; je l'ai fait exactement

jusqu'ici, et nous serions satisfaits si quelqu'un
avait entrepris ce travail avant moi ; nous pourrions connaître les changemens qui sont arrivés
aux eaux ; par exemple, nous saurions exactement si, comme le disent certaines gens, les
sources de Barèges étaient originairement semblables en tout ; si on les a défigurées ou chan-
gées par les travaux que l'on y a faits ; si elles
ont perdu, et si on doit s'attendre aujourd'hui
à des cures aussi surprenantes que celles d'autrefois.

*Barèges*, dans l'endroit où sont les sources,
n'est qu'un très-petit vallon, entouré des plus
hautes montagnes : ce vallon était presque inac-
cessible autrefois ; mais aujourd'hui on a fait
construire des chemins, dans lesquels on passe
sans nul risque ; toutes sortes de voitures peuvent y parvenir : on regardait dans ce pays-là,
comme un miracle, de voir des chaises roulantes
et des charrettes : on alla voir, par curiosité,
les premières qui y arrivèrent en 1744.

Cet endroit ne saurait être habité que quelques mois de l'année ; les neiges abondantes
le rendent impraticable pendant l'hyver qui y
est très-long, et ces mêmes neiges écrasent
souvent des maisons que l'on bâtit autour des
fontaines.

Quoiqu'on ne voye le soleil que tard à Barèges, cependant il y fait chaud l'été, au moins
pendant le jour ; la chaleur s'y renferme et aug-

mente par les réflexions des montagnes ; les nuits
y sont quelquefois fraîches ; on ne saurait trop
remarquer ceci ; la première précaution qu'on
doit avoir, est de se bien couvrir en tous temps ;
je le disais en parlant des *Eaux-Bonnes* et
*Chaudes*, qui sont en ceci semblables à *Barèges*.

Les étrangers ne doivent pas craindre d'y manquer de quelque chose ; quoique le local ne
paraisse pas être à portée, on y trouve tout ce
qui est nécessaire à la vie. Comme ce sont ici
des eaux que le roi a choisies pour ses troupes,
ses ordres sont exécutés par la vigilance et l'attention de M. l'*Intendant*, qui s'est lui-même
transporté sur l'endroit, pour corriger certains
abus qui pouvaient s'être glissés.

On ne saurait croire quelle est la bonne compagnie qui s'y trouve : tous les Officiers, tous
les Seigneurs qui ont été blessés se rassemblent
pour y venir reprendre leur santé et pour s'y re-
faire des fatigues de la guerre.

Les bains et les fontaines y sont à couvert ;
on y fait des bâtimens superbes, et qui se res-
sentent de la magnificence et de la bonté d'un
maître qui n'épargne rien pour le bonheur de
ses sujets.

Il a même voulu choisir un *Directeur* de ces
eaux, qui fût homme de la profession et chargé
de maintenir l'ordre pour les pansemens des
malades, etc. Et je ne saurais oublier combien
il est flatteur pour le *Béarn* qu'on puisse trouver

chez nous un sujet capable de remplir cette
place; il est bien doux d'être regardé comme
un homme essentiel pour la Patrie; vous le
savez, Madame, *M. Bentejac*, un de nos meilleurs maîtres de Pau, jouit actuellement de ce
bonheur; il a su se mettre à même d'occuper une
place qui demande beaucoup de science, de
l'expérience, et surtout une grande connaissance
de l'Anatomie et de la Chirurgie la plus récente
et la mieux raisonnée, pour pouvoir faire souvent des opérations les plus essentielles ; je le
répète, le *Béarn* doit se féliciter de pouvoir
fournir des sujets si utiles.

Il y a trois sources à *Barèges*, sept tuyaux
et cinq bains; la première source ou la *plus
chaude*, est réellement très-chaude et très-abon-
dante; la seconde ou la *tempérée*, est moins
abondante et moins chaude : la troisième enfin,
ou la *tiède*, est la moins chaude et beaucoup
moins abondante que les deux autres.

L'eau de toutes ces sources paraît être de
l'huile tant elle est gluante, grasse et bitumi-
neuse. Elle est toujours extrêmement chargée
d'une infinité de flocons blanchâtres, comme
graisseux et qui se rassemblent pour former des
glaires coïneuses, comme les blancs d'œufs, et
qui, lorsqu'elles sont sèches, prennent feu comme du souffre, qui y abonde tellement qu'une
tasse d'argent avec laquelle on puise l'eau, devient sur l'instant comme du plomb : on sent

ce souffre de bien loin; il paraît former en partie les vapeurs épaisses qui couvrent quelquefois les fontaines; veut-on boire cette eau, on sent la bouche comme empâtée, comme pleine d'une liqueur oléagineuse qui a un goût un peu sucré; on sent l'odeur des œufs couvés, on voit pétiller l'eau dans un verre où l'on l'expose; elle paraît remplie d'esprits, qui la font mouvoir continuellement, elle est dans une action perpétuelle.

Les expériences m'ont démontré qu'outre le souffre, il y a dans ces eaux du sel, du fer et *une espèce de vitriol*, je dis espèce de sel, comme celui qui est dans les *Eaux-Bonnes*, les *Eaux-Chaudes*, et celles de *Cauterets*, de façon qu'il serait inutile de répéter ici le résultat de mes opérations. Il y a donc trois sources à *Barèges*, elles sont différentes, au moins en degrés ou en force; on le saura actuellement, et tout médecin étranger pourra prescrire aux malades qu'il enverra celle qu'il jugera à propos ; on ne verra plus à *Barèges* des gens mal instruits qui s'exposent beaucoup en se traitant eux-mêmes, pour ne pas vouloir se fier aux Maîtres qui se trouvent sur l'endroit.

Mais d'où vient la différence de ces sources? Ne peut-on pas croire que celles qui ne sont pas aussi chaudes que les premières sont mêlées, ce mélange n'empêcherait-il pas souvent que les malades ne fussent soulagés? Ces doutes m'en ont fait naître d'autres, que j'aurai soin de vous communiquer dans la suite.

J'ai l'honneur d'être, etc.

---

## XXIV.ᵉ LETTRE.

---

MADAME,

Tout le monde sait que les eaux de *Barèges* sont très en usage pour les vieilles plaies d'armes à feu, on n'y voit presque que des blessés; cependant il y a bien des remarques à faire à ce sujet.

Il est bon que l'on soit averti que les plaies ne guérissent pas toutes; il en est d'incurables, on doit ne pas l'oublier, pour ne pas trop attendre des eaux, mais comme elles font tous les jours des miracles auxquels les plus habiles Maîtres n'oseraient s'attendre, il vaut mieux ne pas se passer d'un remède aussi recommandable.

Il faut aussi qu'on fasse attention que les eaux n'agissent qu'en détergeant, en fondant les callosités, en excitant les supurations, en arrêtant les caries, pour procurer les cicatrices louables: il est donc nécessaire qu'elles puissent pénétrer les moindres replis d'un ulcère; il faut faire les ouvertures nécessaires pour cela; on ne doit pas envoyer des malades qui ne soient pas bien préparés, ou l'on est forcé de les retenir beaucoup plus long-temps sur les lieux.

Par rapport à la façon de traiter les plaies, il est bon de remarquer qu'il ne faut pas y aller trop vivement comme le font certaines gens qui croyent que plus ils pousseront l'eau avec force, et plus elle pénétrera et fera des bons effets : au contraire elle détruira les chairs tendres qui *pupulaient* ; elle écrasera tous les petits vaisseaux, et l'ulcère, loin de diminuer, augmentera toujours ; la même raison qui fait que nous ne nous servons plus de ce grand appareil de tentes de bourdonnets bien serrés, et d'emplâtres avec lesquels on remplissait et on bourrait, pour ainsi dire, une plaie, les mêmes raisons nous empêchent d'injecter les liqueurs dont nous nous servons avec trop de véhémence, mais nous faisons pleuvoir sur l'ulcère une douce rosée, dont la force est proportionnée à la résistance des chairs, et nous voyons avec plaisir que tout va comme il faut ; j'insiste sur cet article ; il est essentiel pour nos Provinces, où la plupart des Maîtres pratiquent la vieille chirurgie.

Les blessés qui veulent venir à Barèges, doivent être d'un tempérament robuste, surtout qu'il n'y ait que *Mars* qui soit la cause de leurs blessures ; je dis ceci pour MM. les Officiers ; ils sont impatiens, souvent presés de servir le Roi, ils veulent guérir vite, ils s'exposent aux eaux

lès plus chaudes, ils courent grand risque de
sentir un peu trop la force du remède ; il est
si violent pour certains tempéramens, qu'il en
est qui, en conséquence d'une douche, d'un demi
bain, ou d'un bain, ont la fièvre, des chaleurs,
des toux, des crachemens de sang, ètc. : d'ailleurs
on doit beaucoup se ménager en usant des eaux
de Barèges, on ne fait point cas d'une blessure à
la main ou à la jambe, on mange, on boit, on
joue, on passe les nuits, et l'on trouve enfin,
que le remède n'a pas agi, ou qu'il a produit
de mauvais effets ; cela n'est pas surprenant.

Si l'on veut avoir la patience qu'il faut, et
suivre un régime exact et approprié, on doit tout
espérer, eût-on même certaines maladies internes, pourvu qu'elles n'aient point gâté toute la
masse ; je le dirai plus bas.

On voit souvent qu'en conséquence de certaines plaies, il arrive des tiraillemens, des sécheresses, des callosités, des paralysies même de
quelques parties ; *Barèges* est spécifique pour ces
cas, qui paraissent souvent incurables aux plus
grands médecins.

Ce que l'on nomme rhumatismes avec sécheresse, aridité ou *marasme* des parties, doit encore être traité par les eaux de *Barèges.*

Il y a des tumeurs, des dépôts, des arrêts,
des humeurs vers les articulations, des enflures,
des embarras, que l'on veut nommer *Enchiloses;*
elles guérissent presque toutes par le moyen des

eaux qui pénètrent, qui délaient et qui dissolvent toutes les concrétions.

Je crois même que les skires proprement dits, pourraient se dissiper à la longue; mais il faut prendre garde, dans ce cas, de se trop presser; il faut ramolir prodigieusement les humeurs qui croupissent dans les tuyaux, qu'elles peuvent crever en se séparant, et il peut arriver des ulcères affreux.

Enfin, s'il faut fondre, diviser, humecter, assouplir, ou bien cicatriser, en nétoyant et en purgeant, toute sorte d'ulcères et de dartres; en chassant tout corps étranger, on ne peut trouver dans la nature aucun remède aussi approprié; il ne pêche, je le répète, qu'en ce qu'il est trop actif.

Ces eaux passent chez quelques personnes pour spécifiques pour les cancers quelconques. J'en ai vu de supurés, qui paraissaient avoir perdu, par l'usage de ces eaux, cet aspect hideux qui les caractérise; il semblait qu'ils étaient à même de se cicatriser; mais cependant je ne sache pas qu'il faille trop compter sur ce remède dans ce cas où les humeurs et les solides sont peut-être presque toujours attaqués dans toute leur masse, et infectés d'un virus particulier, très-difficile à détruire; il me semble même que les eaux de Barèges animent trop pour les appliquer aux cancers; je conseillai à quelqu'un de couper les eaux avec le lait, pour tempérer un peu leur vivacité; il me dit qu'il se trouvait bien d'user de ces

sortes d'injections qui lui paraissaient plus douces; mais j'aurais voulu qu'il usât plutôt des eaux
*Bonnes*, qui sont moins vives, comme nous
l'avons dit ailleurs : il est sûr qu'elles réussiraient
dans presque autant de cas que celles de *Barèges*,
et dans beaucoup d'occasions, je n'ordonnerai
celles-ci qu'après l'usage des plus douces : les remèdes fougueux sont toujours à craindre.

Si l'on me dit que l'on trouve à Barèges des
eaux de différentes forces, je l'accorde; mais
sont-elles bien pures ces eaux? Sont-elles bien
légitimes? Quoiqu'il en soit, il est bon qu'on
les essaye toujours, on risque moins qu'en se
plongeant d'abord dans les plus chaudes qui sont
une vraie fournaise, et qui doivent être notre
dernière ressource, lorsque tout est affaissé dans
une partie.

On peut se servir des glaires des eaux pour
panser des ulcères; on pourrait en faire ramasser
pour épargner beaucoup d'onguens qui ne valent
pas autant; je ne sais même si, comme je l'ai
pensé, on ne pourrait pas avaler ces glaires
dans quelques cas; j'en ai fait avaler de celles
de *Cauterets*, et je ne vis rien qui me détour-
nât de l'idée que j'avais; je pensais aussi à les
faire chauffer pour échauffer les eaux transportées, etc. Il y aurait bien des recherches à faire
par rapport à ces glaires; le temps nous appren-
dra beaucoup, je serais porté à croire qu'elles
ont des usages fort étendus.

J'ai l'honneur d'être, etc.

# XXV.e LETTRE.

MADAME,

On avait cru jusques à ces derniers temps, que l'on ne pouvait pas boire des eaux de *Barèges*, mais on se trompait grossièrement : on les boit aujourd'hui pour beaucoup de maladies internes, et il est vraisemblable que si on les buvait aussi pour les plaies simples, elles seraient plutôt cicatrisées.

On a vu à *Barèges* des asthmatiques qui y arrivaient sans pouvoir presque respirer, ils paraissaient être à deux doigts de leur perte; l'usage des eaux les remettent en peu de temps; j'y ai vu un Prêtre qui m'assura qu'il lui aurait été impossible de monter un escalier lorsqu'il arriva sur l'endroit; il se mit à l'usage des eaux il fut bientôt frais et bien portant; ce qu'il y a de singulier et qui me fit beaucoup de plaisir, c'est que je le trouvai buvant une après-diné, il me dit qu'il avait coûtume de boire ainsi à toute heure à sa soif; je l'exhortai très-fort à boire de même, il sentait son estomac très-libre, très-propre à la digestion; je lui fis seulement remarquer, qu'il devait prendre garde de se gor-

ger trop d'eau, parce qu'elle était trop vive :
ceci me faisait dire, *Lettre* XI, qu'un asthma-
tique devrait faire sa boisson ordinaire des eaux
*Bonnes.*

Ces sortes d'asthmes sont de ceux que nous
nommons humides, ce sont des relâchemens du
poulmon ; il faut donner du ton et diviser la
lymphe épaisse et paresseuse. Si au contraire
on trouve des asthmes de ceux que l'on nomme
secs, qui supposent une grande tension, une délicatesse des solides souvent prêts à se rompre
et à donner par là lieu à des suppurations sour-
des, on doit bien prendre garde d'user tout d'un
coup de nos eaux. Je ne voudrais pourtant pas
priver les malades d'un remède que je regarde
comme le seul propre à enlever les embarras
lymphatiques, qui sont la cause ou la suite de
ces sécheresses; mais je voudrais que l'on com-
mençât par bien humecter, qu'on eût recours à
toute sorte de laitages, que l'on pourrait ensuite
aiguiser avec nos minérales, pour accoutumer
peu à peu la machine au mouvement et à l'at-
trition qu'elles excitent. J'ai dit ailleurs ( *Lettre*
XI.ᵉ ), quelque chose du lait; il faudrait que
tous ceux qui le recommandent à hauts cris,
ou ceux au moins qui le prennent sans ordonnance, sans précaution, par fantaisie, fissent attention qu'il est très-certainement le plus doux,
le plus benin et le plus approprié de tous les
alimens; dans certaines chroniques, il peut pas-

ser pour le remède de quelques-uns; mais il doit être très-ménagé par un homme surtout qui sache faire attention à l'estomac, qui sache le préserver d'un relâchement dans lequel il tombe insensiblement s'il n'est pas soutenu et entretenu dans son ton.

Il est dans nos provinces des gens qui paraissent être dans une espèce de délire pour les laitages et pour les adoucissans; d'autres, au contraire, s'opposent de toutes leurs forces à leur usage; il est bon, il est nécessaire même de prendre un milieu sans tomber dans l'inaction, la paresse et le relâchement. Un médecin attentif et qui a des principes, sait agir plus ou moins mais il sait ménager ses coups, qu'il ne porte point avec trop de violence : il est, ce me semble, très-essentiel d'avertir tout le monde; vous ne voyez que des gens qui ordonnent le lait, il ne saurait nuire, disent-ils; ils se trompent; j'en appelle à tous les connaisseurs et à ceux qui éprouvent par leur triste expérience, combien il dérange un estomac; le lait est un vrai remède qu'on doit prendre avec beaucoup de précaution.

Comme les eaux de *Barèges* conviennent pour quelques maladies de la poitrine, elles conviennent aussi pour celles des autres cavités; on me disait qu'on les regardait comme spécifiques pour l'épilepsie, mais je n'ai rien vu qui puisse me persuader qu'elles ont cette vertu; sans doute elles peuvent être utiles dans cette maladie, leur partie spiritueuse peut agir sur la tête plus qu'ailleurs ; elle peut y enlever les embarras, redonner la force à des solides, dont le ton est dérangé, qui sont trop lâches, dans certains points, et trop tendus dans d'autres ; mais elles peuvent nuire aussi, occasionner même des dépôts ; elles donnent quelquefois des vertiges aux personnes les plus saines, elles montent à la tête, elles peuvent énivrer comme les *Eaux-Chaudes*, etc.

On veut aussi s'en servir pour les écrouelles ; elles pourraient servir pour cette maladie avec les précautions nécessaires, mais les *Eaux Bonnes* valent mieux, pour toutes les raisons que nous avons détaillées. Les écrouelles peut-être ne sont que des obstructions simples dans certains ordres des vaissaux ; il faut toujours diviser, délayer et ne pas trop animer, ni relâcher, etc.

J'ai ouï vanter ces eaux pour le scorbut ; mais je ne vois pas que cette idée soit fondée, les végétaux sont plus propres pour cette maladie que les minéraux ; il peut arriver pourtant que nos minérales soient utiles comme je le disais *Lettre* XI ; mais je dois avouer que les eaux Bonnes m'ont manqué dans de vieux ulcères, évidemment entretenus par une affection scorbutique, très-invétérée ; elles paraissaient exaspérer ces ulcères, et je fus obligé de les quitter ; sans doute la délicatesse et la *pourriture* des vaisseaux dans cette infirmité, sont cause qu'ils ne peuvent pas résister à l'action de nos fondans.

Enfin, Madame, on se sert aujourd'hui des eaux de *Barèges*, comme de celles de *Cauterets*, des *Eaux-Chaudes*, et des *Bonnes*; toutes ces eaux se ressemblent assez; je crois que l'on pourra, avec le temps, marquer exactement quels sont les cas où chacune en particulier convient; mais ce n'est point ici le travail d'un jour, il faudrait être à portée d'observer exactement et long-temps; ce n'est qu'en comparant avec exactitude une grande quantité d'observations, en connaissant bien les tempéramens et tant d'autres choses qu'un homme de la profession entrevoit, que l'on pourra parvenir à donner des règles qui manquent, et qui seraient nécessaires; jusqu'ici je ne puis donner au public d'autre règle que celle que je proposais ailleurs, de la moins forte à la plus active, des eaux *Bonnes*, à celles de *Barèges*.

J'ai l'honneur d'être, etc.

## XXVI.<sup>e</sup> LETTRE.

MADAME,

Ce que j'ai dit jusqu'ici sur les propriétés de nos Eaux est assez connu; permettez-moi de vous faire part de quelques réflexions qui peuvent ser-

vir, et qui suffiraient peut-être à un charlatàn,
pour faire sonner bien haut ses idées.

J'ai eu l'honneur de vous dire *Lettre* X que
je me proposais de vous parler du calcul; vous
savez combien on trouve fréquemment des gens
qui en sont affligés; les opérations sont dange-
reuses, et on voit évidemment qu'il manque à
la Médecine un remède pour la dissolution des
pierres dans la vessie, etc.

De tout temps on a cherché ce spécifique, on
en a proposé plusieurs, et celui qui s'est le plus
soutenu, est celui que l'on nomme le remède
*Anglais.*

Sans entrer dans des discussions, hors de propos, il faut d'abord remarquer, que je suis persuadé que, comme il y a différentes sortes de
calcul que l'on ne connaît pas bien encore, il faudrait aussi peut-être des corps de différente nature pour les dissoudre, et je crois être fondé
dans ma façon de penser; mais ne serait-ce pas
un grand bonheur, que d'avoir un dissolvant
pour une espèce ?

Nos Eaux le fournissent à mon avis ; c'est à
nos provinces, c'est aux *Eaux-Bonnes*, et à celles
de *Barèges*, que les calculeux doivent avoir recours; je crois même ne pas trop m'avancer en
leur donnant ce conseil; et voici mes raisons.

Nos eaux relâchent, adoucissent, pénètrent
les vaisseaux les plus délicats; il n'est point de
remède qui puisse s'insinuer aussi avant dans les

filières de notre corps; première présomption pour notre remède.

Il est apéritif, il porte sur les reins, il va jusques à la vessie, il nettoie les voies urinaires; autre présomption.

Il fait souvent rendre du gravier et des glaires; troisième présomption, que quelques personnes prendraient presque pour une preuve.

Mais nos eaux résolvent les concrétions, les skirres; elles délaient toute lymphe coineuse, elles détruisent toute obstruction invétérée, elles pénètrent nos sucs, lorsqu'ils forment des arrêts; que sont ces arrêts que des humeurs concrètes et apierries; que sont les calculs que des parties tartareuses, et grossières de l'urine qui restent dans les couloirs, et qui s'y apierrissent?

Pourquoi notre remède ne pourrait-il pas s'insinuer dans les pores de ces amas, emporter les sucs qui les forment ou leur redonner leur ancienne fluidité? Pourquoi aurions-nous besoin d'autre argument en notre faveur, au moins pour tenter notre remède?

Nous en avons pourtant de bien frappans, je ne vois pas même qu'on puisse rien nous opposer; qu'on prenne un calcul, qu'on le plonge dans une certaine quantité d'*Eau-Bonne*, qu'on examine avec exactitude ce calcul, qu'on le pèse avant de le mettre dans l'eau; qu'arrivera-t-il? Si ces eaux sont le dissolvant du calcul, il perdra de son volume et de son poids, il sera réduit à presque rien.

C'est aussi là ce qui arrive; j'ai vu non point une fois, mais trente, et je l'ai vu avec admiration, un calcul plongé dans les *Eaux-Bonnes*.

J'allais l'examiner chaque matin; je voyais un nuage épais autour du calcul, des glaires comme des blancs d'œufs, et pour peu que je secouasse le vaisseau, ces glaires se détachaient en lames, en feuillets, et le calcul diminuait d'autant; je trouvais le même effet le lendemain, et ainsi la pierre disparaissait, ou il ne restait qu'un grain qui aurait facilement passé par toutes les voies.

J'avouerai pourtant que je ne sais point si cela arriverait dans toute sorte de calcul, je le soupçonne; mais je ne veux rien avancer au hasard, je puis aussi me dispenser de rapporter des observations que j'ai faites sur ces expériences; tout ce qu'il y aurait à dire là-dessus nous mènerait trop loin.

Peut-on cependant s'empêcher de tenter ce remède? Ne peut-on pas au moins le joindre avec le remède *Anglais?* Ils s'aideraient mutuellement, et je crois qu'on aurait enfin le plaisir de délivrer plusieurs malades des souffrances horribles, ou même de la mort.

Si donc on me donnait quelque calculeux à traiter, je commencerais, après les remèdes généraux, par le mettre à l'usage des eaux *Bonnes*, dont il boirait une assez bonne quantité, en augmentant peu à peu tous les jours; j'en ferais la boisson ordinaire, si cela se pouvait; je le met-

frais pendant quelque temps à la diette blanche,
en lui faisant prendre quelque prise de bon savon d'Alicante et quelque peu de coques d'œufs
calciné, ce qui est le remède *Anglais*, réduit à
sa plus grande simplicité.

Surtout je le ferai baigner dans nos Eaux, je
lui ferais prendre des douches sur les parties
affectées, et si le calcul était dans la vessie, je
ferais souvent injecter l'eau pour que la dissolution se fît d'autant plus promptement; c'est ainsi
que je joindrais au remède *Anglais*, dont on voit
tous les jours de bons effets, le nôtre, que j'appelle le remède *Français*; et je crois que l'usage
du savon serait beaucoup plus supportable, en
usant de nos eaux, du laitage, et de quelque
prise de bonne manne de temps en temps, etc.

Je ne dirai point que j'ai déjà quelques observations qui me prouvent que les eaux Bonnes
sont utiles aux calculeux; on pourrait me dire
qu'il est des personnes à qui elles ont été indifférentes, je l'avoue, mais tout dépend du temps
que l'on met à prendre les remèdes, sur-tout de
la façon dont on les prend, du régime que l'on
suit, etc. C'est un médecin qui doit régler toutes
ces choses.

Mais je ne saurais oublier que mes expériences
faites, j'ai trouvé qu'un de nos compatriotes qui
fut médecin distingué à Bordeaux, et qui avoue
quelque part dans ses ouvrages, qu'il a puisé sa
médecine dans le *Béarn*, propose les Eaux de

*Barèges* comme spécifiques pour les calculeux;
il se fonde sur des expériences que j'ai confir-
mées en faisant les miennes ; il a cité même des
observatious qui paraissent concluantcs; mais
j'aime mieux les *Eaux-Bonnes* que celles de
*Barèges*, parce que, comme on doit en user très-
long-temps, il faut ménager beaucoup le sujet;
ce n'est point ici une différence entre nous; les
eaux de *Cauterets* et les *Eaux-Chaudes* pourraient
avoir le même usage.

Il y a aussi des fistules qui suivent les opérations de la taille; des ulcères, des carnosités, qui
sont souvent les symptômes de la pierre ; c'est
par notre fondant benin et connu de tout le
monde, que je voudrais que l'on combattît ces
incommodités.

Ce n'est pas tout, Madame, je crois que les
*gouteux* peuvent au moins être soulagés chez
nous, beaucoup plus efficacement que partout
ailleurs; je pense que s'il est un remède au monde qui puisse résoudre les obstructions dans les
vaisseaux de leurs articulations, c'est le notre, et
je le crois de même; premièrement, parce que
quelques gouteux se trouvent bien de l'usage de
nos eaux; en second lieu, je suis conduit à penser ainsi, par l'analogie simplement, que la pierre
et la goute sont entretenues par une lymphe
de même nature; pourquoi ne point donner aux
gouteux un remède qui convient aux pierreux ?
J'ai oui dire qu'un grand médecin du Languedoc,

en raisonnant comme je raisonne, conseillait le savon d'Alicante pour la goute, je crois aussi qu'il conviendrait surtout avec nos eaux et nos bains.

Enfin, je ne m'explique que pour mettre mes confrères à même de faire leurs remarques et leurs observations; je sais qu'il y en a qui s'opposeront à ce que j'ose recommander, mais j'espère qu'ils viendront eux-mêmes à faire des applications et des observations qui nous manquent.

Avant de finir, il est bon de vous dire qu'il y a des gens qui croient que nos eaux sont bonnes pour les morsures des animaux vénimeux et celles des chiens enragés; je ne crois point qu'ils soient fondés.

J'ai l'honneur d'être, etc.

## XXVII.ᵉ LETTRE.

Madame,

Vous savez combien *Bagnères* est à la mode, on attend les saisons avec impatience, on fait des provisions et des parties, pour aller se réjouir dans une ville, où il y a réellement très-bonne et très-nombreuse compagnie pendant l'été : la liberté du pays, la mode, le goût, tout porte à faire connaissance, on se lie avec les étrangers,

on est bientôt amis, on y vit à bon marché, tout
y abonde.

Si l'on y trouve l'agréable, les malades y trouvent aussi de bons remèdes, et je ne sais combien il me faudrait de temps, pour compter toutes les infirmités, qui vont y guérir; je ne prends
pas sur moi de le faire, je ne répéterai pas
même ce qu'on peut en avoir dit, surtout je ne
parlerai pas de certains libelles qu'on a fait imprimer, pour exalter et élever les minérales de
ce pays.

Je vais seulement vous détailler ce qu'il y a
de plus essentiel, et j'espère que j'en dirai assez
pour faire connaître Bagnères, qui, comme on le
dit, a été formé par l'eau, parce que de temps
immémorial on use de ses minérales, et qui,
comme on le dit encore, périra peut-être par
l'eau, soit que l'on vienne à en perdre le goût,
avec bien des préjugés que l'on a conçu en sa
faveur, soit que les eaux douces, qui abondent
prodigieusement dans cet endroit viennent un
jour à inonder la ville.

On pourrait facilement faire trois ou quatre
classes des eaux de Bagnères, non qu'elles
soient différentes en nature, mais parce qu'elles
sont plus ou moins chaudes; j'en fais seulement
deux classes générales, et dans la première je
comprens celles qui sont très-chaudes : *la Reine,
le Bain des pauvres, le Bain nouveau, le Roc de
Lane, la plus chaude de Lasserre, Salies., la plus*

chaude de *Dumoret-neuf* dit la *Guttière*; le *petit Bain*, *Dumoret vieux*, la plus chaude de *Teas*, *Labedan* et la *Goute*.

Dans la seconde je comprens les moins chaudes : *St. Rocq*, les douces de *Lasserre*, ou de la *Forgue*, les *Prés*, la moins chaude de *Dumoret nouveau*, la moins chaude de *Teas*, le *Foulon*, l'*Hôpital chaud*, et *moins chaud*, *Lanne*, *Artiguelongue*, le *Prieur* et *Salut*; ces trois dernières pourraient faire une classe à part.

Que de fontaines! mais comment compter les maladies auxquelles elles conviennent; en un mot il y en a pour toutes; je ne sache point qu'on en excepte. Comme un herboriste, lorsqu'il étale ses plantes, insiste sur les vertus spécifiques de chaque simple, de même un partisan de *Bagnères*, sait vous faire valoir les vertus de chaque source : je ne sais si j'en oublie quelqu'une, j'en fais excuse au public, on pourra en découvrir quelque nouvelle; mais voyons si celles que j'ai nommées ne suffisent point.

La *Reine* qui a tiré son nom de notre ancienne *Reine Jeanne*, qui, comme on le dit, y fit bâtir un grand bassin, où l'on peut se baigner *à la belle étoile*, se trouve sur une coline assez haute qui domine sur la ville; et comme celle-ci est dans un bas, dans un endroit marécageux, on est bien aise de se trouver à la Reine, dans un bosquet charmant; on voit avec plaisir deux grands et beaux tuyaux, qui fournissent beaucoup d'eau, mais on n'y voit presque point de malades, quelques buveurs à l'ancienne mode, viennent en prendre quelques gobelets, on en fait porter ailleurs quelquefois, mais du reste, cette eau n'est plus du goût de notre temps; à peine la regarde-t-on, comme la maîtresse source, la plus légitime et la moins mêlée; son temps n'est pas encore revenu. Les RR. PP. Capucins cependant qui connaissent la valeur de cette eau, et qui ont un hospice sur cette colline, se sont procurés une source qui est une partie de la Reine; on peut s'y baigner à l'abri.

Le *Bain des pauvres* que son nom fait assez connaître, se trouve sur la même colline, mais plus bas; il sert réellement à quelques pauvres, qui vont y boire et s'y baigner, sans être à l'abri, mais les gens de condition n'y toucheraient point.

Le *Bain nouveau* est à côté de celui des pauvres; il s'était acquis quelque réputation ces années dernières, mais il est tombé, le public a enfin ouvert les yeux, et l'on a vu que c'était se moquer que comparer cette eau à celle de Barèges; je soupçonne cependant que le bain nouveau a encore des partisans.

Le *Roc de Lane* qui est au pied de cette montagne, auprès de la ville, sert pour des gens du peuple qui veulent se baigner à bon marché; il a un tuyau qui donne sur le dehors de la maison, il sert aux usages domestiques; je me sou-

viens que la vase qu'il forme noircit l'argent;
mais il faut remarquer que l'on lave ici la vais-
selle, et que tout est rempli de crasse ferrugineuse, qui s'attache facilement.

La *plus chaude de Lasserre*, ne sert que pour
des usages domestiques : je dois me souvenir de
cette fontaine où mon termomètre cassa, et vous
sentez bien que cela étant je ne tâcherai point
de relever une eau, qui n'a aucun crédit d'ailleurs.

*Salies* est dans la ville, elle n'est point à couvert, elle est, dit-on, spécifique pour le mal aux
dents qu'elle décrasse à merveille; je saïs que j'ai
vu beaucoup de Dames qui avaient la bonté
d'aller laver leurs bouches à cette source; mais
je sais qu'il n'y en a aucune qui s'en soit bien
trouvée; d'ailleurs il faut toujours aller à cette
fontaine en tremblant, les voituriers vont y laver
les jambes de leurs chevaux, et on y trouve
pour l'ordinaire assez mauvaise compagnie.

*La plus chaude*, *Dumoret neuf*, est une fontaine toute nouvelle, et à l'abri, dans une maison
que l'on a bâtie depuis peu; elle n'a presque
point de pratiques, il n'y a aussi que quelques
femelettes du quartier qui la prônent, et qui
appellent les passans pour leur apprendre les
merveilles de cette source.

*Le Petit Bain* est encore dans la ville, et il ne
sert actuellement que pour des usages domestiques; on dit même que certains boulangers en

font leur pain, qu'ils rendent par ce moyen assez insupportable.

*Dumoret le vieux* est fort ancien, il date du temps des Romains; il est assez bien en robinets, tuyaux à douche et bains; on y voit avec plaisir des tuyaux remplis de concrétions pierreuses, de plus de deux pouces d'épaisseur, et en couches de différentes couleurs : on sait par tradition que ces tuyaux furent les premiers que l'on mit à la source.

La plus chaude de *Teas* est connue de quelques paysans, qu'une officieuse baigneuse a soin de faire suer pour leur argent; j'en trouvai quelqu'un sur qui j'avais quelque autorité, et je le chassai pour qu'il n'eût point la sottise d'aller se mettre dans une fournaise.

*Labedan* ou le *Grand Bain* est dans la ville absolument désert et abandonné de tout le monde; il est bon de savoir la raison qu'en donne la baigneuse; c'est, dit-elle, qu'il appartient à l'Hôpital, aux pauvres et non point à quelqu'un qui sache faire valoir la denrée. La *Goutte* ne vaut plus rien pour la goutte de notre temps; il est abandonné aussi, à côté de l'Hôpital, sans ornemens, sans quelqu'un qui vante ses vertus, ou qui pleure ses malheurs; il est presque démoli.

Parmi celles de la seconde classe, *Saint-Roch* doit tenir le premier rang; il était fort en vogue il y a quelques années; il donnait huit cents

livres de revenu, et actuellement il n'en donne
pas deux cents; à peine lui reste-t-il la réputation d'être spécifique pour les maux aux oreilles; encore y a-t-il d'autres bains qui lui dis-
putent cette vertu.

*Les douces de Lasserre* appartiennent à un
médecin de même nom, qui a une très-grande
réputation et beaucoup de mérites; elles sont
fort connues; mais on rapporte qu'elles sont
mêlées avec l'eau douce depuis qu'elles sont assez
abondantes. Dans le vrai les médecins étrangers
se plaignent de ce que l'eau de la *Forgue* ne fait
plus les mêmes effets qu'elle faisait autrefois, et
réellement on voit sur l'endroit deux tuyaux qui
fournissent assez bien, mais on en voit un autre
qui ne fournit presque plus, et d'où l'on tirait
la bonne eau, ou au moins une eau qui paraît
être balsamique et un peu soufrée, tandis que
les autres ne contiennent pas la moindre partie
de ce minéral.

*Les Prés* sont fort en usage; ils se trouvent
sur le chemin de *Salut*, auquel ils enlèvent quelque pratique; mais ils sont entourés d'un terroir marécageux qui est au moins de niveau avec
les sources, et qui fait soupçonner quelque chose
aux connaisseurs.

*La moins chaude de Dumoret nouveau* n'est
pas encore connue; elle n'a point fait voir ses
vertus; je mets au même rang la moins chaude
de *Teas*.

*Le Foulon* est excellent, dit-on, pour les dartres; il est assez bien partagé et assez suivi; cependant il perd tous les jours de sa vertu pour les maladies de la peau. Il est au moins aussi bas que l'eau d'un ruisseau très-voisin.

*L'Hôpital* fut trouvé il y a cinq ou six ans par de pauvres enfans qui badinaient dans un jardin; d'abord on cria à l'agréable trouvaille; il vint un Seigneur dont un ulcère avait résisté à *Barèges*; il se baigna à *l'Hôpital*, il guérit; voilà cette source en grande réputation. Mais on soupçonne que cet officier serait guéri avec toute autre eau; on croit même qu'il n'avait pas besoin de *Bagnères*, et l'Hôpital ne fait plus rien de remarquable.

*Lane* n'est pas fort fréquenté; on trouve dans le jardin de la maison auquel ce bain appartient quelques filets d'eau qui font espérer quelque découverte qui relévera la réputation du nom de *Lane*.

*Artiguelongue* appartient à un médecin. Ses bains sont en ordre; il y a des tuyaux, des pompes et un appareil fort amusant; cependant on ne sait pas bien s'il est arrivé quelque malheur à ces eaux : *Artiguelongue* est près de *Lasserre*; on a vu il y a quelques années les propriétaires en dispute; je me dispense, s'il vous plaît, de vous rapporter les réflexions qu'on avait faites sur ce procès.

*Le Prieur* n'est aujourd'hui que pour ceux qui

n'aiment point la dépense, et qui veulent prendre un bain comme domestique et à peu de frais.

Enfin, nous voici à *Salut*; c'est ici la source chérie, celle où tout le monde court depuis quelques années, et il faudra, si le préjugé dure, ériger en eau minérale un bourbier que l'on trouve auprès de *Salut*, sans quoi tout le monde ne saurait être expédié; je dois aussi remarquer par rapport à cette source qu'elle a donné le nom de *Salut* à celle d'*Arressec* des *Eaux-Chaudes* (*Voy. Lettre* X.); mais il faut bien prendre garde de donner dans cette idée; je suis en ceci fort éloigné du sentiment de M. *Bergerou* et de *mon Père*. L'*Arressec* aux Eaux-Chaudes est très-souffré; Salut à *Bagnères* ne l'est pas absolument; ceci mérite d'être remarqué. Nous ne voulons point de comparaison entre nos Eaux-Chaudes et celles de Bagnères.

Après tout, ne semble-t-il pas que j'ose ne point estimer Bagnères autant que certaines gens le font : ne dirait-on pas que je suis payé pour les déprécier, comme on dit, que quelques médecins sont payés pour les faire valoir. Je crois en avoir dit assez pour faire connaître *Bagnères* comme je me le suis proposé. Je vous laisse penser, Madame, quel sera mon avis, que j'aurai l'honneur de vous communiquer dans ma suivante. Je remarquerai seulement, en finissant, que, comme je l'ai déjà indiqué, Bagnères est

rempli d'eau douce, qui pénètre par tout dans
la ville, et qui, comme on le soupçonne, pourrait bien se mêler avec l'eau chaude, pour former les tièdes, qui sont sur la plaine. J'ajouterai
aussi que je n'ai point décrit exactement les
sources de Bagnères, leurs tuyaux, leurs bains,
etc., parce qu'on les change tous les jours.

J'ai l'honneur d'être, etc.

## XXVIII.ᵉ LETTRE.

MADAME,

Il n'est personne au monde qui fasse plus de
cas des agrémens de *Bagnères* que moi; la bonne
compagnie qu'on y trouve, la façon dont on y
vit, et la liberté que cette ville inspire, méritent
sans doute que l'on vienne de loin pour en profiter.

Qu'est-il de plus amusant que de voir les malades courir de source en source comme s'ils allaient en pélérinage? Que veut-on de plus satisfaisant que de voir une grande quantité de médecins qui vantent chacun la source qu'ils ché-
rissent, qui courent de bain en bain pour faire

conter à chaque malade les infirmités qui l'ont
conduit sur les lieux.

Un Physicien doit être charmé lorsqu'il con-
sidère les sources chaudes, leur nombre, leurs
différences, la quantité prodigieuse de canaux
dont le terroir doit être rempli, les communications de l'eau minérale, avec celle qui ne l'est
point, les différens mélanges qui résultent de ces
communications, les brouillards dont Bagnères
est quelquefois couvert, etc.

On ne doit pas oublier les promenades que
l'on fait dans les Vallées voisines, qui sont des
endroits enchantés, les écrevisses, les bisques
dont on peut se nourrir, le jeu, les danses, en
un mot tout ce qu'on peut désirer.

Pourrait-on vouloir déprécier un lieu si recommandable, et croirait-on, pour tout dire,
qu'un médecin qui se destine pour pratiquer à
*Pau*, prenne sur lui de désabuser le public sur
le compte de *Bagnères ?* Où mènerait-il ses malades ? Où irait-il faire ses caravanes ? Les Messieurs de Bagnères savent fort bien que nous
aurions intérêt à faire valoir leurs sources.

Ce n'est pas tout, je connais réellement le
mérite des sources de *Bagnères ;* elles en ont
beaucoup, mais je ne parle que contre les abus
qu'il faudrait réformer; sans doute ces minérales
sont excellentes; la quantité des malades qui s'y
rétablissent nous en convainquent, et les qualités que nous leur connaissons nous l'indiquent.

Toutes ces eaux d'abord sont de la même nature, personne ne fera jamais voir qu'elles diffèrent entr'elles qu'en ce que les unes sont plus fortes et les autres plus faibles ; elles sont toutes chaudes plus ou moins, ferrugineuses, comme mille expériences le démontrent; elles sont spiritueuses, bien transparentes; elles ont ceci de particulier, c'est qu'elles purgent la plupart, sans doute, parce qu'elles contiennent quelque sel un peu piquant, qui reste après l'évaporation, qui ne manifeste pas bien sa nature, et qui est peut-être semblable au sel d'*epson;* elles donnent quelques-unes quelque très-légère marque d'*alkalinité*, les unes sont insipides, les autres le sont moins, la plûpart teignent en rouge jaune les canaux sur lesquels elles passent; elles grumèlent le savon au lieu de le bien délayer; elles noircissent le sang humain et le disposent comme en masses solides, etc. Enfin, je ne dois pas oublier que la source de *Lasserre*, qui vient goutte à goutte, sent évidemment l'œuf cuit, ce qui lui est particulier : je n'ai pas cru que pour celle-ci il fallut renoncer à ce que j'ai avancé en assurant que toutes les sources sont de même nature.

Quels seront donc les cas dans lesquels pourront convenir ces eaux pénétrantes, actives, *toniques* et purgatives ? Lorsqu'il faudra redonner le ton à des parties affaissées ou trop humectées par une quantité surabondante de sérosité; lorsqu'il faudra rétablir des premières voies engour-

dies et qui sont opprimées sous le poids des
sucs mal divisés ; lorsqu'il faudra rétablir la transpiration qui est retenue par un défaut d'activité
des excrétoires ; quand enfin, il faudra enlever
des arrêts légers dans des solides vigoureux et
formés par des liquides qui, sans avoir perdu
l'huile qui les lie, sont pourtant lents, et, comme
on le dit, vappides.

Aussi voit-on que toute sorte de paralysie, surtout celles qui sont accompagnées de relache-
ment, de rhumatisme, engourdissemens, tremblemens, etc., qui ne viennent point de chaleur
ou sécheresse, ne résistent point à quelqu'une
des sources de *Bagnères*; on en lave les parties
qu'on fomente, etc.; on s'en sert pour des gar-
garismes, etc.

Les gens sujets à certaines coliques, à certaines indigestions, qu'un médecin sait connaître,
s'en trouvent aussi fort bien.

Des filles qui ont les pâles couleurs, qui ont
leurs solides relachés, peuvent avoir recours à Bagnères, où elles trouveront souvent leur spécifique.

Ceux qui sont sujets à de vieilles fièvres, à
des ictères, à des engorgemens dans le bas ventre, se trouveront toujours bien de ces eaux
ménagées.

Certains asthmatiques pourraient en user aussi
avec beaucoup de précaution.

Lorsqu'on veut se rafraîchir, redonner du véhicule au sang quand il est sec et épais, la bois-

son et les bains des eaux les moins chaudes de
Bagnères, conviennent sans doute, et voilà bien
des usages que nous leurs donnons; jamais on
ne nous accusera si on veut bien nous entendre sans injustice, de donner dans un excès
contre les eaux de Bagnères.

On les prend en suivant la méthode ordinaire:
chaque source a ses partisans; la *Reine*, *Saint-
Roch*, *les Prés*, *Lasserre* et *Salut*, sont celles
qui sont les plus suivies. On va boire à *Salut*;
on boit en revenant *aux Prés* et *pour faire*, dit-
on, *tout passer*, on va prendre quelques gobelets de l'eau de la *Reine*; en un mot chacun
range sa façon de boire comme il le juge à propos; j'avais coutume, quand j'étais consulté, de
demander au malade quelle était la façon dont
il voulait boire; quel était le plan qu'il s'était
formé, et souvent il m'arrivait de suivre ses
idées, et la satisfaction que je lui donnais ne
gâtait rien à l'action des remèdes; on ne doit
pourtant point flatter les malades; ils ne sont
pas, quels qu'ils soient, en état de se diriger
eux-mêmes.

Comme l'eau dont on boit à l'ordinaire à
*Bagnères* est très-froide et très-nuisible à la
plupart des tempéramens, j'exhortais tout le
monde à boire l'eau de *Salut* en boisson ordinaire; je l'ai bue pendant plus de quinze jours;
je l'ai faite boire, et je n'ai rien vu qui dût me
faire changer de façon de procéder.

Je croirais que pour bien prendre ces eaux,
il faudrait qu'on allât boire à *Lasserre*, *aux
Prés*, suivant les cas; que l'on bût des eaux de
*Salut* à sa soif et à l'ordinaire, et qu'après qu'on
aurait usé pendant un temps de l'eau d'une
source, on changeât pour en boire de plus fortes; on irait, par exemple, des *Prés* à *Saint-
Roch* et à la *Reine*, etc., en montant, comme
par degrés, et se tenant bien sur ses gardes; ce
serait là le moyen de prendre les eaux comme
il faut et sérieusement. En bonne foi, la moitié
des malades qui vont à Bagnères ne doivent pas
être regardés comme prenant des Eaux.

Je faisais aussi mêler du lait avec les eaux de
*Salut*, mais je n'ai jamais tenté de le donner
avec les eaux des sources fortes et purgatives;
j'ai craint quelque chose de préjudiciable aux
malades.

Je dois, avant de finir, m'excuser auprès des
partisans outrés de ces Eaux, qui pourraient
trouver mauvais que j'ose prescrire des bornes
à un remède qui est si généralement reçu : j'ai
pour moi le témoignage de deux hommes de
la profession, qui certainement ne doivent pas
paraître suspects, l'un est M. *Dumoret*, de *Bagnères*; il m'a dit, il doit se le rappeler, qu'il
était surpris que la moitié de ceux qui viennent
à Bagnères ne se trouvassent pas mal de l'usage
des eaux : dira-t-on, comme on me l'a déjà dit
à moi-même, que ce médecin n'a aucune source

chez lui, et que par conséquent, il n'est pas tenu
de vanter les eaux; ce serait une vraie imperti-
nence : le mérite de ce praticien est généralement reconnu; et en toutes façons, il a raison
de penser comme il pense; c'est pendant l'hyver
qu'il faut voir dans nos villages les bons et les
mauvais effets qu'a produit Bagnères; c'est après
avoir vu des cas frappans que l'on a droit de
parler.

Le second médecin que je dois citer en ma
faveur est M. *de Bergerou;* il se souviendra aussi
qu'il m'a dit souvent qu'il fallait pour aller à
*Bagnères* ( y prendre sans doute les eaux un peu
vives, les douces sont souvent indifférentes ) être
d'un tempérament bien *spongieux.*

Mais tant de filles qui ont la poitrine délicate,
tant de gens qui ont desséché leur sang par les
veilles et les débauches, tant de personnes qui
sont en fièvre lente, avec des suppurations sour-
des, avec des ulcères cachés, etc., tant de malades de cette sorte que l'on voit à *Bagnères*
sont-ils *spongieux?* Doivent-ils être desséchés,
sont-ils à même de perdre par des purgatifs réi-
térés la partie liquide et *balsamique* de leurs
liqueurs ?

Je pourrais joindre à l'autorité des médecins
que j'ai cités, celles de bien d'autres, distingués
dans notre Province : par exemple, M. de Los-
talot, de Morlàas, m'a fait la grace de me marquer, qu'après des observations faites pendant

quinze ou vingt ans, il était absolument du sentiment que j'ai adopté sur ces eaux. Je voudrais
qu'il me fût permis de faire part au public de
toutes les obligations que j'ai à plusieurs autres
fameux praticiens, des lettres qu'ils m'ont fait
l'honneur de m'écrire, et surtout de celle que
j'ai reçue de MM. de la Faculté de Pau; mais
je trouverai peut-être occasion de le faire ailleurs; je ne négligerai pas certainement une af-
faire aussi intéressante pour moi.

On demandera peut-être d'où vient que les
Eaux de Bagnères se sont acquises tant de réputation, pourquoi elles étaient si estimées même
des anciens? Ce n'est pas à nous à chercher
l'origine d'un préjugé quel qu'il soit, nous devons seulement remarquer qu'il nous paraît que
les Eaux de Bagnères s'accommodaient mieux
avec les tempéramens des anciens qu'avec ceux
de notre temps; nos Pères étaient sobres et vigoureux, et aujourd'hui le vin, le café, les liqueurs dont on use si communément, les précautions excessives que l'on prend pour se bien
porter, etc., changent évidemment les tempéramens et les rendent délicats.

Enfin, Madame, il ne faut pas oublier, à la
louange de *Bagnères*, que c'est dans cette ville
que l'on trouve abondamment toute sorte de
plantes vulnéraires, et le *Coclearia* dont les usages sont si étendus et dont les médecins se servent tant en le ménageant comme il faut. Les

artistes sont fort communs à *Bagnères;* ils vantent chacun leurs plantes, leurs sels, leurs drogues, leurs pilules; ils savent en donner pour
tous les maux; ils ont chacun leurs cliens, qu'ils
médicamentent le mieux du monde, et en suivant des méthodes qui feraient rire les médecins
connaisseurs, s'ils n'étaient pas au désespoir de
voir assassiner le peuple.

On ne dira point qu'il y a de la jalousie de
leur part. Il n'en est pas un seul, je puis l'assurer, soit de tous les excellens praticiens qui
sont établis dans la ville et qui sont si connus,
soit des étrangers qui se rendent sur les lieux,
dans la saison des Eaux, qui ne se fasse un devoir et un plaisir de conduire sans aucune ré-
tribution les malades, même de la lie du peuple, pour les garantir des atteintes de ceux qui
ne peuvent, en toute occasion, qu'avoir un dé-
sir très-pressant de se défaire de leurs drogues.

J'ai l'honneur d'être, etc.

# XXIX.ᵉ LETTRE.

MADAME,

Il est temps que j'aie l'honneur de vous parler des sources salées qui sont à *Salies*; elles
doivent aussi être rangées au nombre de nos
minérales les plus essentielles : vous savez quelle
est la qualité et la quantité du sel qu'elles nous
fournissent, de sorte que je n'entrerai point dans
un détail sur cette matière ; je ne dirai rien aussi
de la façon dont on sépare le sel de l'eau, tout
le monde connaît assez comment se fait cette
évaporation.

Mais qu'il me soit permis de remarquer que
je suis surpris qu'on ne fasse pas plus d'usage
qu'on n'en fait de l'eau salée; elle peut servir
pour quelques cas médicinaux assez rares ; elle
pourrait servir encore pour certaines teintures ;
mais surtout elle servirait à conserver des légu-
mes et des fruits, de façon qu'on pourrait les
avoir frais toute l'année; nos artichauts et nos
asperges, etc., qui abondent tant pendant les
saisons, et qui sont si rares ensuite, se conser-
veraient en les plongeant dans l'eau salée; il y
a long-temps qu'on connaît cette méthode ail-

leurs., et je m'étonne qu'on ne la suive pas chez nous.

Il est bon aussi de faire attention qu'il faut que l'eau passe dans quelque mine bien abondante pour se charger continuellement de sel; pour moi je crois que les parties essentielles des minéraux sont continuellement emportées dans l'intérieur de notre globe , et lorsqu'elles trouvent une matière disposée à les recevoir , elles s'arrêtent comme les différentes humeurs de notre corps, qui savent toujours affecter les couloirs que la nature leur a destinés.

Ceci nous fait concevoir comment il peut se faire que l'eau se charge de différens minéraux, suivant qu'elle passe sur différentes couches. Elle enlève les parties les moins fixes; elle s'en charge, et sans doute cette union se fait toujours par quelque sel et quelque huile, qui servent comme de lien aux parties des différens minéraux : on pourrait avoir recours aux attractions des *Récens* , mais l'imagination s'accommode mieux d'une disposition qu'elle peut entrevoir dans la matière., sans parler des qualités occultes qui peut-être existent réellement, mais que l'on ne goûte point si l'on n'est porté à les soutenir par système.

Ne pourrais-je pas en passant faire quelques courtes réflexions sur la cause *des feux souterrains* , dont l'examen a été proposé aux savans par notre académie de Pau ? Il me semble que,

sans m'éloigner beaucoup de la façon de phi-
losopher médicinale, et qu'en rapprochant au
contraire ces phénomènes, de ce que nous voyons
arriver chaque jour aux corps des animaux, nous
trouverions peut-être quelque chose de satisfaisant.

Les animaux sont sujets à des transports d'humeurs, à des feux intérieurs, à des fièvres qui
viennent toutes les fois que les humeurs gênées
dans la circonférence sont obligées à se concen-
trer, pour ainsi dire, et à exercer leur fougue
dans l'intérieur. De même supposant dans la
terre des matières de toute sorte, agitées continuellement, et transportées dans tous les sens,
comme en circulant, ce qui n'est point difficile
à concevoir et qui sera facilement accordé par
les physiciens, on conçoit aussi que ces matières
se dissipent plus ou moins vers la surface de la
terre, qu'on pourrait regarder comme un animal
qui transpire; si ces sucs sont retenus, ils forment dans l'intérieur des amas, des dépôts de
foyers, qui viennent à s'enflamer, par les attri-
tions redoublées, et qui se distribuent mal; il
se forme comme un tonnerre, un orage intérieur, et voilà les feux souterrains accidentels,
qui sont fréquens et constans dans certains endroits comme les orages le sont dans d'autres.
Dans nos Pyrénées, etc., par la disposition singulière, les voutes, les rochers, les différentes
couches de terre, etc. que l'on pourrait peut-être

découvrir, etc. Ainsi l'on rendrait, ce semble, raison des feux souterrains ; mais c'est assez sur des choses qui ne sont point de notre ressort.

J'ajouterai, s'il m'est permis de le dire, que je serais, s'il fallait me décider, très-partisan de ceux qui veulent qu'on suive dans l'explication des phénomènes, dont les causes sont, pour ainsi dire, au-delà de notre sphère, la voie la plus simple et la plus courte. La Nature n'est qu'une énigme pour nous ; donnons des explications que tout le monde puisse concevoir ; la simplicité d'une idée ne pourrait-elle pas suppléer à une justesse rigoureuse, que l'on n'a pas d'ailleurs ? Plus les idées des savans seront entendues, et plus on peut dire en quelque façon que les sciences étendront leur empire ; mais si l'on embrouille les choses, si l'on ne les met point à la portée de tout le monde, si on les garde pour quelques heureux, seuls capables d'approfondir une matière, pourra-t-on dire que les sciences sont répandues ? Qui a mieux fait connaître le Ciel que l'Auteur de la pluralité des Mondes, que tout le monde est forcé d'entendre, tant il est plein de ces agrémens qui saisissent ? Tout autre savant peut être plus régulier et plus exact, mais il n'est compris que par certaines gens avares de leurs connaissances, qu'ils cachent sous des signes et des langages mystérieux ; il faut qu'il y ait des gens qui entretiennent, pour ainsi dire, un commerce entre les savans et ceux qui ne le sont point.

Ces raisons ont fait que j'ai tâché de me faire entendre par tout le monde dans mes Lettres. J'ai prétendu instruire le public; je n'ai pas craint que l'on me reprochât de rendre la médecine trop commune en l'apprenant à tout le monde; je ne répondrais point à des gens qui me feraient des objections aussi impertinentes. Le peuple le plus grossier ordonne nos Eaux, chacun en parle; j'ai voulu surtout faire voir combien il est dangereux dans certains cas de ne point se confier à des médecins.

Je le sens fort bien; je n'ai fait qu'ébaucher très légèrement les matières que je traite; j'ai prétendu apprendre certains faits à mes confrères; j'ai pris beaucoup de peine pour examiner toutes ces Eaux; j'ai voulu leur communiquer mes idées, espérant bien qu'ils me feront part de leurs réflexions, dont je tâcherai de faire mon profit.

Dira-t-on qu'à peine je connais le nom de ces Eaux; que je veux en parler; qu'il faut laisser à de plus anciens que moi le soin de traiter des matières aussi importantes? Je ne chargerai point *mon Père* de mon ouvrage, quoique l'on doive bien penser que je n'ai presque rien fait qu'après ses observations et ses remarques, qu'une très-longue expérience l'a mis à portée de faire. Enfin quelqu'un de mes Confrères qui connaîtra toutes les Eaux dont je parle les fera, *comme il est évidemment nécessaire*, connaître au public bien mieux que je ne saurais le faire; ce que je dis servira peut-être, attendant mieux.

J'ai omis à dessein des expériences chimiques,
des recherches et des discussions physiques, des
observations médicinales approfondies et détaillées; nous en avons pourtant fait plusieurs avec
M. *de Disse*, médecin, mon cousin, qui a sa
bonne part dans tout ce que j'ai rapporté, et
autres, etc., mais on peut en faire pendant long-
temps : elles doivent être la base d'un ouvrage
bien détaillé qui nous manque sur nos Eaux;
peut-être, si je sais me rendre digne de ma Patrie, pourrai-je être à portée un jour d'examiner
les choses avec plus d'attention, et de faire mieux
connaître les richesses que contiennent nos Provinces.

Il est nécessaire aussi que j'excuse ma façon
d'écrire, que je reconnais encore plus vicieuse
que je ne l'aurais soupçonné dans ma II.ᵉ *Lettre*;
qu'on me permette seulement de faire remarquer
que, destiné dès mon enfance pour la *pratique*
de la Profession, j'ai toujours été formé pour
elle simplement : depuis que je l'exerce, les hô-
pitaux, les malades, les symptômes de leurs maladies, leur histoire, des opérations, des confé-
rences avec les grands Maîtres, ont été mes
livres et mes compagnies; les dissections réité-
rées m'ont occupé; je me suis piqué de faire des
démonstrations et des leçons plus utiles que
brillantes; j'ai été formé à voir les malades dans
un état où les discours fleuris sont peu efficaces
pour eux; j'ai voulu savoir les soulager par les

moyens que fournit l'art, qui s'apprend au chevet du lit et non point ailleurs ; j'ai mis la main à l'œuvre et non point les bons mots ; j'ai été exhorté plus d'une fois à fuir les grandes lectures et les sciences du cabinet, que toute le monde ne peut pas supporter, qu'un médecin vraiment guérisseur ne peut point suivre ; on m'a même permis de rire de ceux de notre métier qui n'aiment qu'à se nourrir de disputes, d'idées, de mots, de livres, d'oui-dire et de tant d'autres minuties : mais on m'a appris aussi à respecter les savans, à admirer ceux qui peuvent répandre des agrémens sur ce qu'ils écrivent, et à demander toujours grace pour ma faiblesse.

Je vous la demande cette grace, Madame, et je vous supplie en finissant d'être convaincue, qu'on ne peut rien ajouter au respect vif et profond, avec lequel je serai toute ma vie,

MADAME,

Votre très-humble et très-
obéissant serviteur,

**BORDEU-JURQUE,**

Médecin-Chirurgien.

Montpellier, le 1.er août 1746.

# TABLE.

www.ingramcontent.com/pod-product-compliance
Lightning Source LLC
Chambersburg PA
CBHW050114210326
41519CB00015BA/3963